환경, 그리고
가능성의 미래

환경, 그리고 가능성의 미래

김경웅 · 조재원 지음

어느 환경공학자의 마지막 담론

GIST PRESS

이 책을 故 김경웅 교수님 전에 바칩니다.

추천사

사고와 상상력을 자극하는 훌륭한 촉매제의 기능

송철한 광주과학기술원(GIST) 환경·에너지공학과 교수

8월의 어느 무덥던 날, 김경웅 교수의 부고를 받은 나는 벼락 맞은 것 같은 충격에서 헤어 나오지 못한 채, 창밖으로 무심하게 흐르던 한강만을 바라보고 있었다. 고인故人이 되기에 60이라는 숫자는 너무나도 적은 나이로 느껴졌기 때문이었는지도 모르겠다. 그리고 친구가 고인이 되어버린 인생의 허무함과 무상함도 절로 느끼면서…….

그의 갑작스러운 죽음으로 인해, 이 책 『환경, 그리고 가능성의 미래』는 故 김경웅 교수가 인생의 한 시절을 함께 보낸 조재원 교수와 공동 저술한 유작이 돼버렸다. 나 또한 광주과학기술원에서 인생의 한 시절을 같이 보냈던 친구로서, 그의 생각과 마지막으로 남겨진 그의 음성을 다시 한번 기억하고 싶어 유고를 찬찬히 읽어봤다. 그가 여행 작가를 꿈꿨다는 사실은 이 유고를 통해 처음으로 알게 됐다. 김경웅 교수

는 동남아시아와 아프리카, 태평양 도서 국가 등에 각별한 애정을 갖고 있었고, 이 책의 공동 저자인 조재원 교수와 함께 전기 없이도 구동되는 보급형 멤브레인 물 펌프 사업인 '옹달샘 사업'을 의욕적으로 추진한 바가 있다. 옹달샘 사업 외에도 많은 교육과 연구 협력 사업을 추진하며 수많은 제3세계 국가들을 돌아다녔던 기억이 더해지면서, 여행 작가가 되겠다는 그의 꿈이 결코 새삼스럽지만은 않게 느껴졌다.

『환경, 그리고 가능성의 미래』는 우리 시대의 핵심 주제들(양자 컴퓨팅에서 인공지능 그리고 대학교육과 환경공학, 트럼프 시대와 기후변화 등)을 다룬, 김경웅 교수와 조재원 교수의 엉뚱하지만 독특한 사고와 상상을 바탕으로 한 대화와 생각 모음집이다. 나 역시도 두 필자와 많은 시간을 함께 보냈기에 그들의 특성을 잘 알고 있다. 낭만적 현실주의자였던 김경웅 교수와 사변적 이상주의자인 조재원 교수가 이 책에서도 그 특성을 잘 드러내며 때론 충돌하고 때론 화합하며 즐거운 충돌과 조화의 흔적들을 만들어내고 있다. 사고와 상상은 물론 '틀릴' 수도 있고, '발칙한 것'일 수도 있다. 하지만 이 책을 읽는 독자들이 그들의 대화를 따라가면서 좌충우돌 발칙한 사고, 엉뚱한 상상을 할 수만 있다면 그 사고와 발상만으로도 이 책은 그 값어치를 다할 수 있을 것 같다는 생각도 든다.

30년에 가까운 시절을 두 필자는 대학에서 학생들을 가르치는 일에 몰두해왔기 때문에, 이 책도 마땅히 대학(원)생들을 독자로 상정하고 썼을 것이다. 요즘 세대 대학(원)생들에게 부족한 부분은 무엇일까? '틀려도 되는' 발칙한 상상, '나빠도 되는' 독특한 사고가 혹 그들에게 부족한 부분은 아닐까? 그렇다면 이 책은 그런 사고와 상상을 재촉하는 훌륭한 촉매제로서 기능할 수도 있을 것 같다는 생각이 든다.

그리고 다시 한번 '여행 작가'를 꿈꿨던 친구에게 고하고 싶다. 그가 겪었던 이승에서의 혹독했던 경험들은 모두 잊어버리고, 이젠 날개를 단 채 저승의 하늘에서 마음껏 또 다른 차원의 '독특한 여행'을 즐겨보시라고. 그리고 나도 가끔은 당신과 함께 즐겼던 맥주 한 잔을 놓고, 다른 차원을 여행하며 날고 있을 당신을 추억하겠노라고…….

추천사

환경 이슈에 대한 사유의 유산이자 중요한 텍스트

김상돈 광주과학기술원(GIST) 환경·에너지공학과 교수

이 책 『환경, 그리고 가능성의 미래』는 단순한 환경 논문집이나 공동 저술서가 아니다. 이제는 우리 곁을 떠난 김경웅 교수와 그의 오랜 학문적 동료인 조재원 교수가 환경 전문가로서 편지 형식과 산문 형식으로 환경 및 사회 문제를 논한 응축된 시선의 기록이다. 책장을 넘길수록 학문적 논의의 울림뿐 아니라 두 저자와 함께한 시간이 불러일으키는 따뜻한 기억들이 자연스럽게 겹친다.

특히, 김경웅 교수와는 2002년 베트남 하노이대학을 방문해 학생들을 유치하던 열정의 순간, 몽골 오지에서 토양 시료를 채취하며 고단함을 함께 이겨냈던 기억, 그리고 연구실 일과가 끝난 뒤 나누던 맥주 한 잔의 소소한 행복까지……. 책 속 글귀마다 교수님의 웃음과 목소리가 되살아난다.

그러나 이 책의 가치는 개인적 추억에만 머무르지 않는다. 환경 정책적 담론과 우리 사회가 환경 이슈들을 받아들이는 다양한 입장을 두 저자가 편지 형식으로 주고받은 대담은 예전 선비들의 서신을 통해 오가던 담론을 떠올리게 한다. 화석연료, 원자력, 재생에너지, AI, 양자 컴퓨터와 같은 사회 및 환경 주제가 이념의 소재로 소모되는 오늘날, 이 책은 '다른 생각을 이해하며 함께 걸어가는 길'의 중요성을 새삼 일깨워준다.

『환경, 그리고 가능성의 미래』는 서로 다른 관점을 인정하고 존중하는 과정을 통해, 결국 '환경'이라는 큰 울타리 안에서 만나게 되는 삶의 여정을 보여준다. 동시에 두 저자의 환경 담론은 우리 사회를 향한 날카로운 문제의식을 담고 있어, 환경 이슈에 대한 폭넓은 사유의 유산이자 현시대가 마음에 담고 앞으로도 성찰을 이어갈 중요한 텍스트가 될 것이다.

추천사

전 세대에게 새로운 인사이트와 큰 울림을 줄 것

김순오 경상국립대학교 지질과학과 교수

이 책에 대한 서평을 쓰려고 앉으니, 마음의 준비를 할 겨를도 없이 교수님과 갑자기 사별한 저로서는 가슴에 크나큰 바윗돌을 얹고 있는 듯 먹먹합니다. 저의 지도교수님이셨던 김경웅 교수님은 저희 제자들을 언제나 밝은 미소와 따뜻한 마음으로 품어주시던 분이었습니다. 제자들과 격의 없이 소통하시며 항상 격려해주셨고, 단 한 번도 언성을 높이신 모습을 본 적이 없을 만큼 온화하고 너그러우셨습니다. 같이 지낼 때는 몰랐는데 돌이켜 생각해보니 교수님은 전형적인 외유내강형이셨던 같습니다. 스스로에게는 가을 서리처럼 엄하시면서 묵묵히 당신의 길을 걸어오시고, 다른 사람을 대할 때는 한없이 관대하셨던 교수님의 삶에 대한 자세는 지금처럼 자기중심적인 삶을 사는 우리에게 크나큰 마음의 경종을 울리는 것 같습니다.

투병 중에서도 끝까지 손을 놓지 않으시고『환경, 그리고 가능성의 미래』를 집필하셔서 후학들에게 가르침을 주시려고 애쓰신 교수님! 감사한 마음으로 짧게나마 이 책에 대한 제 생각을 적고자 합니다. 또한 한때 제 모교에서 재직하시면서 스승과 제자의 인연을 맺었던 조재원 교수님께도 이렇게 울림 깊은 책을 집필해주심에 심심한 감사의 말씀을 드립니다.

이 책『환경, 그리고 가능성의 미래』는 처음부터 바라보는 시선도, 접근 방향도, 그리고 해결 방안에 대한 생각도 서로 많이 다르지만 오랜 기간 동료 연구자로서 희로애락을 같이하신 김경웅 교수님과 조재원 교수님께서 우리가 당면한 사회·환경 문제에 대해 주로 이메일을 통하여 주고받은 담론을 엮은 책입니다. 환경 문제를 논한 기존 책들이 대부분 교과서 식으로 집필되어 독자들이 읽을 때 다소 딱딱하고 또 지루하게 느낀 적이 많은데, 이 책은 토론 형식으로 되어 있어서 읽기에 훨씬 더 수월할 것으로 생각됩니다.

이 책에서 다루는 내용은 오래전부터 논의되어온 쓰레기 처리 문제부터 최근에 이슈가 되고 있는 양자 컴퓨터, 인공지능AI까지 사회 · 환경 분야의 내용을 거의 망라했다고 해도 과언이 아닙니다. 특히 이러한 문제들을 단편적으로 진단하고 해결할 때는 예상하지 못한 또 다른 문제들을 초래할 수 있기 때문에 이러한 문제를 전체 지구환경을 고려한 서로 연결된 계시스템로서 파악하고 접근해야 한다고 저자들은 강조합니다.

『환경, 그리고 가능성의 미래』는 현재 우리가 직면한 다양한 사회·환경 문제들을 진단하고 이해하는 데 그치지 않고 이에 대한 해결 방향을 제시할 뿐만 아니라 미래를 예측하고, 우리가 잊지 말아야 할 환경 윤리까지 제안하고 있습니다. 특히 저자가 강조한 "환경 윤리는 여러 문제에 대한 대안을 제시하는 목적에 부합하는 사회 속 과학 실천이다"라는 요지의 내용이 인상적입니다.

우리에게 많은 깨우침을 줄 수 있는 책을 병환 중에서도 마무리하기 위해 애쓰신 김경웅 교수님의 노고에 다시 한번 머리 숙여 감사드리며, 이 책을 읽는 이들에게서 많은 생각과 고민을 이끌어내는 담론을 제시해주신 조재원 교수님께도 깊이 감사드립니다.

이 책 『환경, 그리고 가능성의 미래』는 젊은 세대부터 기성세대까지, 현시대를 살고 있는 전 세대에게 새로운 인사이트와 큰 울림을 줄 것이라 믿습니다.

서문

나이 들어 좋은 것, 소유와 열등감

김경웅

예전부터 60세를 넘긴 은퇴 시점의 많은 선배들과 어른들 가운데 '나는 저러지 말아야지'라는 반면교사로 삼아야 할 분들을 여럿 보아왔다. 그러한 분들의 공통점은 '다른 사람의 의견을 듣지 않아 고집이 세고 인내심이 없음. 주변의 눈치를 보지 않고 쉽게 본인의 감정을 폭발함' 같은 것이었다. 요즘도 아침 산책이나 운동 중에 핸드폰으로 뉴스나 음악을 크게 틀어놓는다든가, 버스나 지하철에서 휴대폰 벨소리를 크게 울리게 하거나 큰 소리로 통화하는 비매너가 유독 눈에 거슬린다. '왜 나이가 들면 저렇게 될까?' 그런데 어느덧 필자도 예순으로 넘어가는 시점이 되니 비슷해지고 있음을 느낀다.

그런 중에 손석희 앵커가 진행하는 모 프로그램에 출연한 황석영 작가가 했던 말이 기억이 났다. 당시 81세(1943년생)였던 그가 나이 들면 피해야 할 것 세 가지를 나열하면서(그중 한 가지인 '넘어지지 말 것'만

기억남) 왜 나이 든 사람들이 고집이 세고 인내심이 없는지 언급한 점은 참고가 될 만하다. 우선, 나이를 먹으면 많은 것이 불편해진다. 눈도 안 좋아지고 잘 들리지도 않고 아픈 곳도 여러 군데 생기니 많은 것이 불편해지고 그러다 보니 인내심이 없어진다는 것이다. 이러한 점에 필자도 100퍼센트 동의한다. 이전까지는 아픈 데 없이 팔팔하게 전 세계 각지를 누비던 필자 역시 어느 시점부터 병마와 싸우게 되었고, 이후에 많은 부분이 불편해져서(눈도 잘 안 보이고 빈혈을 동반하고 체력도 약화됨) 이전에 보아왔던 노인의 전형이 되어가고 있음을 스스로 느끼게 되었다. 그래서 결심한 것이 있다. 나이를 먹어감에 따라 '소유욕을 줄이자', '하루에 하나씩 버리자', '마이너스의 삶을 살자'가 그것이다.

그러면서 동시에 결심하게 된 것이 있다. 열등감 극복이다. 열등감은 반드시 넘어야 할 벽인데 SNS를 열심히 하는 것도 열등감의 표현이고 과시욕을 드러내는 것이라 이해하게 되었다. 이에 대해 깊이 공감 가는 글로 이 책의 공저자인 조재원 교수님의 다음 글을 소개하고 싶다.

외계인이 지구를 점령하지 못한 이유

인간이 가진 개념 중에 한 가지만 뺄 수 있는 기회가 주어진다면 뺄 것은 소유와 열등감 중 하나일 것이다. 그런데 둘 중 하나를 선택해야 하는 것이 만만치 않다. 소유 개념이 없으면 인류 사회의 많은 문제가 해결되겠다 싶다가도 우리를 가장 힘들게 하는 것은 또 열등감 같기도 해서다.

박찬욱 감독이 존경한다고 얘기한 구로사와 기요시 감독의 2018년 국내 개봉작으로 〈산책하는 침략자〉란 영화가 있다. 최근 국내 연극 무대에도 올려진 작품이다. 이 작품에서 지구를 침공한 외계인은 지구인으로부터 개념을 하나씩 빼내 훔쳐간다. 예를 들면, 선과 악, 부와 재산, 가족과 같은 개념이다. 지구를 완전하게 점령하기 위해서는 호모 사피엔스 지구인의 개념을 먼저 파악해야 한다고 판단한 모양이다. 개념을 빼앗긴 지구인들은 이상 행동을 보이기 시작한다. 그중 재밌는 장면이 있다. 집을 소유한다는 개념을 외계인에게 빼앗긴 젊은 청년은 그날부터 갑자기 너무나 행복해지는 것이다. 늘 자기 집을 자랑했던 청년은 부동산 소유란 개념을 빼앗기고는 사람들이 이해하지 못하는 연설을 거리에서 하는가 하면 소유 개념을 가지고 있던 때에 비해 훨씬 성숙한 인간으로서 이전과는 다른 행복감을 느끼는 듯 보인다.

개인적으로 열등감도 개념으로 굳이 분류하고 싶다. 열등감을 인류가 가진 심리적 본능 정도로 놓아두면 그것을 해결할 길이 영원히 사라져버리기 때문이다. 인간의 많은, 아니 거의 모든 마음의 병은 열등감과 연결되어 있다고 해도 과언이 아니라는 것을 여러 심리 문제를 떠올려보면 쉽게 상상할 수 있다. 그런데 열등감의 배경에는 경쟁에서 비롯한 순위, 등수가 있다. 뭐든지 타인과 경쟁해서 이겨 높은 순위에 올라야 한다는 강박관념이 결국 인간으로 하여금 열등감을 가지게 한 것이다. 오죽 힘들었으면 영특한 인류가 2등이란 개념을 만들었겠는가. 모두 1등만 할 수는 없으니 2등도 못지않게 좋다는, 괜찮다는 위로를 스스로에게 해주는 인간의 위대한 발명품인 셈이다. 1등 외 모든 것을 빼는 대신 2등을 더한 것이다.

〈산책하는 침략자〉 결말 부분에서 지구인들의 개념을 파악해버린 외계인은 본격적으로 지구를 침공했다. 그런데 명감독의 영화에는 늘 반전이 있다. 자세한 전개와 설명은 없지만 외계인이 물러간 전쟁의 폐허 속 막사에 한 여성이 말없이 누워 있었다. 외계인은 이 여성에게서 사랑이라는 개념을 빼앗으려다 실패했는데 여성의 사랑이 지구를 지켜낸 것이다.

이 영화의 반전에 반전을 하나 더하고 싶어졌다. 소유와 열등감 중 하나를 빼는 대신 생태를 매개로 소유와 열등감을 합쳐보았다. 생태로 합쳐보니 둘은 연결되어 홀로 소유하는 대신 공유할 수 있게 되었고, 아래위로 나누어 열등감을 가지지 않고, 대신 옆으로 서서 같은 눈높이로 서로 사랑하게 되었다. 외계인이 지구인으로부터 빼내 가지 못한 마지막 개념은 실은 '생태ecology'였던 것이다. 생태는 인간 사회의 시스템과 그것을 둘러싼 환경의 합친 말이니 이제 본격적으로 환경 얘기를 시작할 준비가 된 셈이다.

차례

추천사 006

서문 나이 들어 좋은 것, 소유와 열등감_ 김경웅 014

프롤로그 환경을 정의하고 '시간성'을 확보하다_ 조재원 020

1부

두 환경공학자, 현실을 담론하다

1장. 친환경이란 개념과 기후재앙 시대의 에너지 029

2장. 전 세계가 주목하는 한국의 인구 급감, 그 해결책은? 043

3장. 미래는 마이너스 엔트로피 사회? 053

4장. 환경공학의 한계와 가능성 061

5장. 대학교육 어떻게 개혁할 것인가? 069

6장. 양자 컴퓨터가 제안하는 세상의 '환경' 079

7장. 그들만의 파라다이스, 하와이 101

8장. 트럼프 2.0은 환경 대체역사소설 같다 109

9장. 지구 그리고 클래식 음악 119

10장. 인공지능 윤리 127

2부

미래 가능성을 상상하고 펼치다

11장. 감히 상상해보는 미래_ 김경웅 135

12장. 데살로니키와 아테네_ 김경웅 143

13장. 쏠루세: 포스트 휴먼 사상으로 다리를 놓은 심층생태학_ 조재원 147

14장. 신유물론이 가져다준 환경공학 가능성_ 조재원 157

15장. 종교 속 두 가지 환경 윤리_ 조재원 165

16장. 퇴비더미에서 발견한 환경 윤리_ 조재원 171

에필로그 그리운 친구에게 유작을 보내며_ 조재원 181

프롤로그

환경을 정의하고 '시간성'을 확보하다

조재원

'환경'을 사전에서 찾아보면 '우리를 둘러싼 대상과 조건'이라고 정의되어 있다. 우리를 둘러싸고 있는 첫 번째 환경의 대상으로 공기, 흙, 물을 택할 수 있다. 공기, 흙, 물을 택하고 나면 이를 오염시키는 것도 환경의 대상으로 포함시킬 수 있다. 공기 오염, 토양 오염, 수질 오염이다. 대학 내 학제 중 하나인 환경공학, 환경과학이 공기 오염, 토양 오염, 수질 오염의 원인을 밝히고 정화하는 연구를 하는 것은 당연하다. 필자는 1990년대 후반에 광주과학기술원GIST 환경공학과에서 김경웅 교수님과 만나 각각 토양 오염과 수질 오염을 연구했었다.

김경웅 교수님과 '환경'이란 주제로 함께 고민하면서 일할 수 있는 것들이 꽤 많았다. 그중에서도 동남아시아, 특히 환경오염을 심하게 겪고 있는 베트남의 메콩강 주변 지역의 경우 늘 흙과 물은 따로 다루어질 수 없었다. 지하수 오염도 그렇고 하천의 물도 오염되면 노출된 농사 지역에 악영향을 주기 때문이다. 비소가 높은 농도로 포함돼 있거나 식수로 사용하기 힘들게 질산으로 오염된 지하수는 공통의 관심사였다. 우리는 그렇게 메콩강 하류 칸토 지역과 하노이 등을 자주 갔다. 베트남을 포함한 동남아시아 지역에 각별한 애정을 갖고 있었던 김경웅 교수님과 함께하다 보니 캄보디아, 태국, 인도네시아, 라오스 등에서 특히 상대적으로 소외된 작은 마을의 환경 문제에 적지 않은 관심을 갖게 되었다. 외진 마을의 주민들은 특히 식수 조달 문제로 어려움을 겪고 있었는데, 이를 해결해주기 위해 고안된 것이 GIST 정수기(이전 GIST 옹달샘)였다. 국내 적정기술과 '국경없는과학기술자회' 등의 활동이 본격적으로 시작되기 전에는 GIST가 거의 유일하게 동남아시아와 아프리카 여러 지역에 정수기를 공급했었다.

시간이 훌쩍 지나 은퇴가 다가오면서 김경웅 교수님과 나이 듦에 대해 얘기를 나누게 되었다. 하지만 늘 얘기의 끝은 환경이었다. 우리 두 사람을 이어주는 매개는 환경이었고 살아온 길에서 내세울 만한 것이 있다면 그것은 환경이란 이름으로 이룬 것들뿐이었기에 그랬다. 여기까지가 김경웅 교수님과 함께한 시간이었다. 그리고 김경웅 교수님은 나에게 '시선'만 남겨주신 채 떠나셨다. 이제 그의 시선만 부여잡고 함께 작업해온 책을 마무리해야 한다. 누군가 떠나고 시선만 남는 경험이 이번이 처음은 아니다. 2년여 전 어머니가 돌아가시고 난 후부터 거의 모든 순간 어머니의 시선을 느낄 수 있었고, 그 지엄하고도 따뜻한 시선은 나의 모든 것을 지켜주고 있다고 느꼈다. 이제 김경웅 교수님의 시선까지 도와주시니 든든하다.

환경이란 것을 다루면서 무언가 빠진 게 없나 살펴보게 되었다. 환경을 정의한 것에서 조건이 대상과 함께 있었다는 것을 뒤늦게 발견했다. 물론 토양과 물이란 대상을 다루면서 조건을 고려했겠지만 조건을 대상과 분리해서 따로 살펴본 적이 있었나 돌아보니 너무 당연하게 생각했던 조건이란 주제가 새삼스럽게 다가왔다. 김경웅 교수님이 올봄에 이 책의 집필을 제안하신 배경을, 조심스럽지만 교수님의 시선에 힘입어 상상하게 되었다. 평생 고민해온 환경의 완성은 늘 '대상'이었지만 눈치 채지 못했던 환경의 두 번째 요소인 '조건'도 함께라는 생각을 하게 되었다.

조건이라는 환경의 요소를 부여잡으니 토양과 물이란 대상은 인간 그리고 사회와 연결된다. 토양과 물이 조건이 되어주었으니 서로 대화하고 고민하고 꿈도 꿀 수 있었다. 조건이 우리를 행위하게 만들어준 것이었다. 인간은 환경이란 조건이 있어 서로 대화하고 소통한다. 환경이란 조건이 없으면 소통하며 행위하는 존재가 될 수 없다. 그렇게 행위하고는 그 결과가 '달면' 취하고 '쓰면' 버려야 했는데 그곳도 역시 환경이었다. 조건이란 두 번째 요소를 고려하면서 인간 행위와 사회가 고민해야 할 환경의 영역으로 편입되게 되었다. 그러면 자연스럽게 '시스템'을 고려하지 않을 수 없다. 인간 행위와 사회를 시스템적으로 이해할 수 있는 조건을 환경이 제공해주기 때문이다.

조건을 조금 더 이해하기 위해 예를 하나 들어본다. 필자가 살고 있는 지역은 낙동강에서 수돗물의 원수를 가져오는데, 낙동강은 전국의 하천 중 가장 수질이 좋지 않은 하천이다. '낙동강은 환경일까?'라는 질문을 해본다. 만약 수돗물과 하수의 연장선상에서 유기적으로 연결되는 부분으로 낙동강이란 존재를 받아들인다면 낙동강의 오염은 환경이 아니다. 수돗물을 생산하는 상수 시스템과 하수를 처리하는 하수처리 시스템 기능의 실패이기 때문이다. 우린 실패했고 책임은 고스란히 우리에게 있다. 법이 정하는 규정대로 상수와 하수 시스템을 운영했어도 예외가 되지 않는다.

하지만 낙동강을, 상수 시스템으로 원수를 공급하고 산업단지 폐수와 도시 하수를 처리하는 하폐수 처리장의 방류수를 내보내는 곳으로 여기고 있다면 오염된 낙동강은 환경오염으로 이어진다. 낙동강이 심각하게 오염되어도 시스템 운영을 법 테두리에서 했다면 우린 법을 지킨 것이 되고 낙동강 오염은 천재지변과 같은 재난이 된다. 누구에게도 책임이 없게 되어버린다. 환경이란 개념은 이처럼 물리적 조건뿐만 아니라 우리 사고의 조건에 따라 얼마든지 다르게 해석될 수 있다. 그러니 겉으로는 환경을 강조하는 듯 보이지만 속으로는 아무렇게나 다루어도 되는 존재로 여기고 있는지도 모르겠다.

조건이란 두 번째 요소를 생각하면서, 환경은 그 출발에서부터 시스템과 분리되어 있지 않았음을 직감하게 된다. 토양 오염을 체계[시스템]적이고 효과적으로 다루려면 토양만 떼어내어 취급해서는 안 된다. 토양과 접해 있는 물과 공기를 포함시키지 않으면 체계란 단어 자체를 사용하기 어렵다. 즉, 이렇게 요약할 수 있다. 대상 하나를 선택해 시스템적으로 다루기 위해서는 인접한 다른 대상의 체계를 포함시켜야 하는데 그렇다고 모든 것을 포함시킬 수 없으니 인접한 다른 대상의 어디까지를 포함할지 결정해야 한다. 그 범위에 포함된 대상들의 상호 작용을 시스템이라고 하고 범위에 포함되지 않았지만 배경이 되는 모든 대상과 조건은 환경이 된다.

시스템과 연결되어 환경을 이해하고 나니 이제껏 당연한 것으로만 생각했던 것들에 대해 궁금증이 생기게 된다. 즉, 환경이란 단어를 당연히 붙였던 것들에게 대해 의구심을 갖게 된 것이다. 친환경 농산물 그리고 친환경 에너지는 어떤 의미일까, 또 환경이란 단어를 쓰는 것이 합당할까, 의심하게 된다. ESG Environmental, Social, Governance 경영에서 환경이란 단어는 또 어떤 의미일까, 환경주의자의 환경은 어떤 뜻으로 쓰였을까 등의 의문이 생긴다. 환경이 시스템과 동등한 레벨에서 다루어져야 한다고 알게 되니 환경으로 분류해야만 고민할 수 있는 사회 문제도 많아진다. 기후재앙뿐만이 아니었던 것이다. 환경오염, 플라스틱과 폐기물, 기후위기는 당연하고 저출생과 인구 감소 문제, 에너지 위기, 식량과 농업 정책, 그리고 인간 사회와 함께 다룰 수밖에 없는 경제, 문화, 예술 등에도 환경이란 주제는 이미 깊이 관여하고 있었던 것이다.

시스템을 통해 사회를 본격적으로 고민하려면 지금 시대의 화두를 환경이란 렌즈로 보는 것이 필수적인 과정이다. 디지털 시대의 인공지능AI과 초연결 산업 사회에서의 차별과 소외의 문제 또한 환경 렌즈로 확대해서 살펴보니 환경으로 다루지 않으면 접근하기 힘든 여러 방법들이 확인된다. 지난 시대에 폐기된 사상인 줄만 알았던 유물론도 인간은 물론 동물, 식물 그리고 무생물까지 환경의 대상으로 편입시키면서 부활하게 되기도 한다. 알고 보니 환경은 지극한 과학이었고, 과학이 철학과 실은 크게 다르지 않다는 메시지를 인간과 모든 생명체, 기계, 무생물이란 대상까지 심층적으로 깊이 이해할 수 있게 도와준다. 김경웅 교수님이 말한 환경의 미래는 시간이 흐르면 자연히 다가오는 것이 아니라 인류가 가능성을 스스로 만들어낼 때 비로소 모습을 드러내는 '환경의 시간성temporality'• 이었던 것이다.

나쁘다고 틀렸다고 치부해버렸던, 그래서 눈길 한번 주지 않았던 세상 모든 주변 환경적 존재를 모두의 손으로 가져와 펄떡펄떡 생명력을 뛰게 하는 것만이 미래 사회를 준비하면서 세상의 시간성을 완성하는 것이다. 그 모든 과정에 김경웅 교수님의 시선은 늘 함께할 것이라고 굳게 믿는다.

• 과거에서 미래로 흘러가는 시간(time)이 아니라 '바로 지금'이란 순간 속에서 그래왔던 과거와 가능성의 미래를 보고자 했던 마틴 하이데거의 시간성(temporality)을 말한다. 시간성은 지금 이 순간 우리가 갖는 조건과 상황으로 과거 또는 미래와 연결되므로, 시간의 축이 아닌 시간성의 관계 속에서 이해할 수 있다. 참고 문헌: Martin Heidegger, 『Being and Time』(1962, Harper & Row Publishers)

1부

두 환경공학자, 현실을 담론하다

1장

친환경이란 개념과 기후재앙 시대의 에너지

김경웅 안녕하세요, 오랜만입니다. 교수님의 〈서울신문〉 연재글을 읽다가 이참에 서로 생각을 나누어보면 어떨까 제안을 드렸는데 흔쾌히 받아주셔서 감사합니다. 광주과학기술원 시절부터 교수님과 꽤 친한 사이였지만 환경, 에너지 그리고 우리 사회의 미래에 대해서는 생각의 충돌이 적지 않았던 것으로 기억합니다. 하지만 생각은 달라도 서로를 인정하고 존중할 수 있는 관계였다고 늘 믿고 있습니다. 그랬던 거 맞죠? 그럼 먼저 교수님이 환경에 대한 생각 하나를, 제가 기후위기 시대를 준비할 수 있는 에너지에 대한 것을 하나 얘기해보면서 대화를 시작해보았으면 합니다.

조재원 네, 김 교수님, 오랜만입니다. 제가 광주과학기술원을 떠난 지 올해로 어느덧 10년이 훌쩍 지났군요. 교수님과 맥주 한 잔씩 기울이며 고민하던 시절이 늘 그리웠던 참에 이렇게 생각을 나누며 즐겁게 다투는 기회를 가지게 되어 기쁘고, 이런 자리를 마련해주셔서 고맙습니다. 환경공학이란 학문이 10여 년 전과 참 많이 달라졌습니다. 환경공학은 늘 유망 학문을 벗어나지 못하고 최근에는 사양 학문이 되어버린 느낌마저 듭니다. 깊은 고민 없이 문제 해결 요구에만 매달리다 보니 정체성을 잃어버린 것은 아닌가 싶습니다. 그래서 이제라도 이런 고민의 시간을 갖게 된 것에 분명 의미가 있을 거라 믿습니다. 저는 먼저 '친환경'이란 말로 운을 띄우고자 합니다.

친환경은 병 주고 약 주는 말이다

쓰레기 없는 세상은 가능할까요? 저는 쓰레기를 받아주는 환경을 없애면 얼마든지 가능하다고 봅니다. 말처럼 쉽진 않겠지만, 받아주니 계속 버리는 거거든요.

쓰레기는 폐기물입니다. 폐기물은 특정 시스템 내에서 더 이상 필요하지 않다고 분류되어폐 버려지는기 물질물입니다. 쓰레기는 해당 시스템의 경계 밖으로 버려집니다. 경계 밖인 환경은 주변인 까닭에 시스템 안의 소통에 참여하지 못합니다. 소통의 핵심 활동은 시스템에서 일어나고, 환경은 시스템 내에서 발생하는 폐기물을 받아 처리합니다. 폐기물을 최대한 줄이는 것이 친환경 또는 환경보호라고 믿습니다.

환경이 보호받아 잘 유지될수록 더 많은 폐기물을 받는다는 걸 잊어서는 안 됩니다. 그렇게 되면 늘 뒤치다꺼리만 하는 주변 역할에서 벗어날 수 없습니다. 수도권에서 발생하는 쓰레기를 지방 어딘가에 매립

하는 것과 같습니다. 심지어 자국의 환경을 위해 다른 나라로 폐기물을 수출하는 웃지 못할 친환경 정책도 있습니다. 폐기물이 있는 곳에는 반드시 시스템과 제도가 있습니다. 사용한 물, 하수를 버리면 이를 처리하는 환경이 필요하죠. 플라스틱, 일회용품, 음식물 쓰레기 폐기물을 처리하는 환경도 필요합니다. 폐기물 처리를 효율적으로 잘 운영하면 친환경이란 평가를 받지만 계속해서 폐기물을 받아 처리해야 하고, 환경이라는 차별에서 결코 벗어날 수 없습니다. 이에 사고의 전환이 필요합니다. 모든 폐기물을 시스템 내에서 가치 있는 물질로 활용하면 환경은 저절로 사라집니다. 즉, 친親환경보다는 탈脫환경을 해야 하는 거지요.

친환경, 재생, 녹색, 이런 단어들을 다시 살펴봐야 합니다. 그럴듯하게 보이지만 실상은 폭력성과 차별이 숨겨져 있습니다. 왜냐하면 시스템 속에 두기는 싫지만 처리할 필요가 있어 그럴듯한 이름으로 국토의 어딘가에 폐기물을 지속적으로 버리겠다는 의도가 숨어 있기 때문입니다. 화력발전소에서 발생하는 미세먼지와 이산화탄소를 최대한 줄인다는 친환경 개념 자체가 오염물과 온난화가스 발생을 인정하는 겁니다. 미세먼지와 이산화탄소를 화력발전소 주변이 아닌 시스템 속에서 다룰 수만 있다면 환경이 따로 존재할 필요가 없습니다. 원자력발전 폐기물을 안전하게 처리하는 첨단 과학기술을 언급하는 순간 환경이 전제됩니다. 핵폐기물이 안전하게 관리된다고 주장하는 사람들이 자신들의 거주지 내 핵폐기물 관리장이 들어오는 것을 찬성할까요? 태양광 발전을 재생에너지로 분류하면서 산림과 농지를 훼손한다면 각종 폐기물을 전제한 친환경 논리와 다르지 않습니다. 이렇듯 친환경은 환경 피해를 염두에 두고 만들어진 말인 것입니다. 폐기물이 없다면 친환경이란 말을 굳이 사용할 필요가 없죠. 그래서 진정한 친환경은 탈환경이어야 합니다. 폐기물로 분류된 물질을 환경이 아닌 핵심 시스템 속 에너지와 자원으로 가져와 자연과 순환 법칙으로 활용한다면, 환경도, 재생할 것도 따로 없게 됩니다. 병 주고 약 주지 말고 처음부터 병이 생기지 않게 하면 될 일인 것이지요.

김경웅 늘 느끼는 것이지만 교수님은 언제나 생각하지 못했던 개념을 던져주셔서 좋습니다. 물론 동의하든 동의하기 어렵든 말이죠. 말씀처럼 우리는 병 주고 약 주는 친환경 개념에 익숙했던 것 같습니다. 처음부터 병이 생기지 않게 하는 탈환경을 고려할 필요가 있을 것 같습니다. 이어서 저는 기후변화 시대의 에너지에 대한 생각을 드리고자 합니다.

탄소 배출 감축에 기여할 원자력산업의 게임 체인저: 미니 원전

대부분의 사람들이 원자력을 꺼리는 이유가 뭘까요? 가장 큰 이유는 사고가 났을 때 우려되는 거대하고 지속적인 피해, 원전 가동 시 발생하는 방사성 폐기물의 안전성, 그리고 이를 처리하는 데 필요한 막대한 비용과 시간 때문입니다. 방사성 폐기물은 방사성 감쇠물질을 포함하고 있는 폐기물로, 방사능은 시간이 지남에 따라 감소하기 때문에 인간에게 심각한 영향을 끼치지 않을 때까지 일정 시간 동안 안전하게 보관되어야 합니다.

방사능의 세기에 따라 폐기물의 종류는 크게 3가지로 나뉘는데, 첫째, 원자로 노심에서 발생하는 핵분열 생성물과 초우라늄 원소들을 포함하는 고준위 폐기물입니다. 둘째, 방사능에 오염된 물질들과 페로, 합성수지, 화학적 오니 등을 포함하는 중준위 폐기물이 있습니다. 그리고 나머지는 방사능 세기가 낮은 폐기물인 원자력발전소의 폐 필터, 이온교환수지, 작업자들이 사용한 작업복이나 공구 같은 저준위 폐기물이 그것입니다. 원자력발전소의 냉각수 관리와 특히 유사시 전원 공급 중단으로 발생하는 냉각 시스템의 운용에 대해서는 원전 산업의 안전에서 반드시 고려되어야 할 사항이고요.

요 근래 국내에서 크게 이슈가 되고 있는 후쿠시마 원전에서 방출되는 사고원전 오염수 문제도 원전 가동 시 고려해야 할 사항입니다. 2011년 동일본대지진 결과 원자로 작동이 셧다운 되었죠. 대지진 후 외부 전원 공급망인 송전탑의 기능이 상실되어 외부 전원이 상실되었지만 비상용 디젤 발전기로 자가 발전하여 냉각수를 공급할 수 있어 그때까지는 문제가 없었습니다. 그러나 대지진 이후 발생한 쓰나미로 발전소가 침수되어 비상 발전기로부터 전력을 공급받지 못하게 되면서 배터리가 방전되고 결국 전원 공급이 중단되어 냉각 시스템 운용이 정지되었습니다. 순환되지 못한 냉각수가 끓어오르면서 핵연료가 외부로 노출되어 온도가 급상승하게 되었고, 이러한 고온 상황에서 연료봉과 증기가 반응하여 수소가 발생했습니다. 이때 수소가 원자로 건물 내부에 농축되어 원전 1, 3, 4호기의 수소 폭발로까지 이르렀고, 2호기에는 노심용융 원자로 중심부가 녹아내리는 현상 이 발생하는 대형 사고가 났으며, 이 사고 이후 녹아내린 핵연료와 접촉한 물이 계속 생겨나게 된 것입니다. 사고 원전에 자연적으로 빗물 지하수가 계속 유입되어 인위적으로 냉각하기 위해 냉각수를 투입하기도 하였는데 이를 총칭하여 오염수라고 합니다. 이 원전에서 생성된 오염수가 삼중수소 같은 물질 등을 포함할 가능성이 있기에 다핵종 제거 설비, 일명 알프스ALPS: Advanced Liquid Processing System로 처리한 후 해양 방류가 이루어지고 있는 상태이고요. 한국을 포함해서 원전을 운영하는 모든 국가가 국제원자력기구IAEA 지침에 따라 삼중수소 배출 농도 기준치를 각각 정한 뒤 이에 맞춰 바다에 냉각수를 방류하고 있는데, 일본은 후쿠시마 오염수를 자신의 기준상 한도치의 40분의 1 수준까지 희석해 해양 방류하고 있다고 주장하고 있습니다.

얼마 전까지 이와 같은 환경 안전 측면을 고려하여 원자력을 배제하는 분위기가 있었습니다. 만약 이러한 안전 문제가 해결될 수 있다면 원자력 발전이야말로 넷제로Net Zero, 온실가스 순배출 제로 시나리오상 전 세계 탄소 배출 감축에 크게 기여할 것으로 생각됩니다. PC 시대 주역인 빌 게이츠와 생성 인공지능 시대를 연 샘 올트먼은 현재 대형 원전을 10분의 1 크기로 줄인 미니 원전SMR: Small Modular Reactor에 주목하고 있습니다. 빌 게이츠는 SMR 기업인 '테라파워'를 직접 설립하기도 했습니다. 기존의 일반 원전에서는 핵분열 반응에서 나오는 고속 중성자를 냉각시키기 위해 물을 사용하지만 테라파워의 SMR 브랜드 '나트리움'은 냉각재로 소금을 구성하는 나트륨을 액체 상태로 사용합니다. 이렇게 하면 사용 후 핵연료가 냉각재로 물을 쓸 때의 10%밖에 나오지 않아요. 또한 경수로의 물은 100℃가 넘어가면 증기가 되기 때문에 원자로 가동 시 높은 압력을 통제해야 하는 문제가 발생하지만 액체 소금은 끓는점이 99℃로 높아 저압 상태로 가동할 수 있는 장점이 있습니다. 이러한 기술력을 바탕으로 테라파워는 '나트리움'에 대한 건설 허가를 신청할 것이라고 발표했으며, 첫 '나트리움'은 미국 와이오밍주 케머러Kemmerer시의 석탄화력발전소 부지 인근에 들어설 예정인데, 2030년에 완공되면 이곳에서 25만 가구가 쓸 수 있는 전기를 생산할 수 있을 것이라고 내다봤습니다.

현재 전 세계적으로 80여 개의 미니 원전 기술이 경쟁하고 있는데, 탄소 배출량이 거의 없어 기후위기 대응에 효과적이라는 판단에 따라 개발이 계속되고 있는 추세입니다. 미국 민간 기업 가운데 하나로 2007년 설립된 '뉴스케일파워'가 개발 중인 SMR의 또 다른 최대 장점은 안전성인데요. 전기 출력을 낮춘 SMR을 12개씩 묶어서 설치하면 중대 사고가 발생해서 핵 연료봉 냉각이 어려워질 때 원자로가 가열되지 않고 안전하게 유지되는 시간이 기존 원자로의 3일에서 무기한으로 연장된다고 주장하고 있습니다. 이런 기술력을 바탕으로 2020년 8월 미국 원자력규제위원회로부터 안전성을 입증받아 설계인증심사도 최종 통과했고요. 기존 원전 대비 미니 원전의 또 다른 장점은 건설비용이 절반 이상 감소하며 건설기간도 기존 원전과 비교해 최소 10년에서 5~7년 정도로 줄어든다고 합니다. 무엇보다도 중대 사고 빈도가 기존 원전의 100만 년에 1회에서 10억 년에 1회로 감소한다고 하니, 석탄을 태워 막대한 탄소를 배출하는 기존의 화력 발전을 대체하여 미니 원전이 전 세계 탄소 배출 감축에 기여하는 시대가 오지 않을까 생각해봅니다.

조재원 교수님의 탄소 배출 감축에 기여할 미니 원전에 관한 설명을 들으니 과거에 교수님과 함께 전남 영광의 한빛원전 냉각수 처리 프로젝트를 하던 시절이 생각나는군요. 저는 미니 원전 SMR이 무엇보다 방사능 폐기물을 획기적으로 줄일 수 있는 나트륨 냉각로를 갖는 것에 주목하고 싶습니다. 물론 아직은 기술개발 초기 단계라고는 하지만 핵폐기물을 90%까지 줄일 수 있는 기술을 미니 원전이 지향하고 있다는 것만으로도 고무적이라고 생각합니다. 두 번째는 작은 원전을 통해 중앙집중 공급형 에너지를 분산형으로 바꾸어가는 계기가 마련될 수 있었으면 합니다. 특히 탄소 중립이라는 세계 공통의 목표를 세우고 UN 기구 중심으로 노력하는 것에는 이의가 있을 수 없지만 혹시 기후 시민의 한 사람으로서 놓치는 부분은 없는지 살펴보았으면 합니다.

더불어 저는 기후변화 위기를 조금 다른 시각에서 말씀드리고 싶습니다. 물론 담론의 초점을 흐리려는 의도는 절대 아닙니다. 원자력 발전에 대한 지식과 핵폐기물에 대한 저의 전문 지식이 부족한 것도 한몫하지만 그보다는 현재 에너지와 기후변화를 해석하는 인류의 관점에 대한 얘기를 하지 않을 수 없습니다. 인류는 현재 화석연료, 방사능 물질, 재생 가능 연료를 태워 에너지를 생산하는 것이 아니라 인류 자신을 태워 발전하고 있다고 생각합니다. 그러면서 특정 에너지 자원을 이용하는 다른 집단을 공격하고 있는 셈이죠. 이런 관점에서 보면 화석연료를 벗어나 탄소 중립을 이룬다 하더라도 결과는 그렇게 희망적이지 못합니다. 설사 탄소 중립을 이뤄 기후변화 재앙을 막았다 하더라도 현재 겪고 있는 한 치의 양보나 배려 없는 다툼으로 인해 좀먹어버린 인류는 결국 파국으로 갈 수 있다는 거죠. 탄소 중립은 어떻게 이룰 수 있다 해도 양극단의 중재는 요원해 보입니다. 에너지도 결국 강자의 힘이 작동하는 듯 보입니다.

한 가지 질문을 드립니다. 태양광 발전과 같은 재생에너지나 원자력 발전 등 에너지 정책에서 과학기술과 정치를 분리할 수 있을까요?

먼저 교수님께서 언급하신 원자력 얘기부터 따져보죠. 2024년 3월 21일 벨기에에서 개최된 원자력에너지 정상회의 결과를 보아도 2030년까지 1990년 대비 탄소 배출을 55% 줄이겠다는 목표를 정했죠. 그런데 많은 국가들이 어려움을 예상하면서 빠르게 원전에너지 복귀를 택하는 듯 보입니다. 원자력에너지 정상회의에서만이 아니라 2022년 7월 개최된 EU 유럽의회에서 원자력은 물론이고 천연가스까지 녹색분류체계에 포함시키는 방안이 가결되기도 했습니다. 2020년 기준 에너지 발전의 66%를 원전에 의존하는 프랑스가 주도적인 추진을 했겠지만 다른 국가들도 2030년 탄소 감축 목표 달성이 만만치 않은 것이 현실입니다.

한국 사정도 물론 녹록지 않습니다. 2020년 기준 원자력 28%, 가스 27%, 석탄 36%로 이 셋을 합치면 91%가 됩니다. 사실상 국가 에너지 대부분을 차지하고 있는 원전 가동을 중단하고 재생에너지만으로 탄소 감축 목표를 달성하는 것은 거의 불가능해 보입니다. 그러니 유럽과 한국의 에너지 정책에서 과학기술과 정치를 분리해 기후변화 위기 극복을 판단하는 것은 결코 합리적이지 않습니다. 기후변화를 과학으로 보는 시각에 전문가와 일반인 모두가 합의를 했다고 하더라도 기후변화 재난 극복을 과학만으로 이룬다는 것은 결코 현실적이지 않다는 거죠. 재생에너지 과학기술의 전망, 원전의 안전성과 폐기물 처리 기술만으로 기후변화 재난 극복 논쟁을 하는 것은 '눈 가리고 아웅' 하는 것처럼 저에게는 별반 다르지 않아 보입니다.

조금 더 들어가보겠습니다. EU 국가 중 프랑스와 독일을 비교해서 살펴보면, 프랑스는 2020년 기준, 원전 발전이 66%, 재생에너지(태양광+풍력) 11%, 수력 13%, 화석연료(석탄, 가스, 중유) 9%입니다. 원전만 그린에너지로 보장받아 계속 가동할 수 있다면 프랑스의 경우 2030년까지 화석연료를 줄이는 것은 크게 어려운 일이 아닐 겁니다. 그러니 프랑스는 크게 걱정하고 있지 않을 듯합니다. 상대적으로 원전 발전 비율이 낮은 독일이 오히려 탄소 감축이 어려울 수 있습니다. 독일은 2020년 기준으로 원전 11%, 화석연료 41%(석탄 24%, 가스 16%, 중유 1%)이기 때문에 탄소 감축이 오히려 힘들어 보입니다. 거기다 독일은 2024년 원전 가동을 완전 중단해 재생에너지로 원전 비율을 충당하고 화석연료 감축까지 재생에너지로만 해결해야 합니다. EU 차원에서 원전을 그린에너지로 분류한다면 프랑스는 탄소 감축을 위해 크게 노력할 것도 없어집니다. 대신 독일은 세계 최대의 재생에너지 비율을 가지고 있지만 향후에도 지속해서 늘려가는 노력을 해야 하는 현실입니다.

때문에 기후변화 에너지 위기를 정치와 분리해 과학기술의 문제만으로 보는 것은 전혀 합리적이지 않습니다.

미국의 예를 들면 화석연료 관련 상황이 사실 더 가관입니다. 태양광 재생에너지를 얘기할 때 꼭 단골로 등장하는 메뉴가 있는데, 미국의 애플, 구글, 존슨앤존슨과 같은 기업이 RE100[1]을 실천하고 있다는 겁니다. 그러면서 미래에는 RE100을 실천하지 않는 기업의 제품은 여러 규제 때문에 국제경쟁력을 상실할 수도 있다는 경고도 잊지 않습니다. 그런데 정작 이런 기업들이 있는 미국의 에너지 발전 현황을 살펴보면, 2020년 기준 석탄 20%, 가스 41%로 화석연료가 61%를 차지합니다. 원전 발전이 19%이고 재생에너지는 태양광 3%, 풍력 8%로 이를 합치면 11%에 불과합니다.

미국의 통계를 다르게 해석하면, 우리나라의 삼성, LG, SK와 같은 기업도 태양광발전 시설을 자체적으로 건설한다거나 또는 인근 태양광 발전 시설의 전기를 사용해 RE100으로 기업 경쟁력을 장착한다 하더라도 국가 전체의 에너지 발전에서 재생에너지 비율은 높지 않을 수 있다는 것을 의미합니다.

재생에너지 발전을 기후변화 위기 극복의 방법으로 강조하면서 애플과 구글이 내놓는 추진 논리에는 개인적으로 쉽게 동의할 수 없습니다.

---

1 기업이 2050년까지 필요한 전력의 100%를 태양광, 풍력 등 재생에너지로 사용하겠다는 글로벌 캠페인

전 지구 차원에서뿐 아니라 개별 국가 차원의 탄소 감축 노력과는 동떨어진 노력처럼 보입니다. 사실, 오바마 정부 때 본격적으로 채굴에 나서면서 셰일가스 비율이 계속 증가하고 있는 미국이야말로 2030 탄소 감축 목표 달성이 힘든 나라입니다. 미국은 세계 최대 탄소 배출 국가 중 하나인데도 탄소 감축에 어느 정도 진심인지 의심이 갑니다. RE100 전략을 내세운 몇몇 IT기업의 사례를 미국의 모범 사례로 포장해주는 국내 재생에너지 전문가들의 자세 또한 재고할 필요가 있어 보입니다.

한 가지 특이한 움직임이 있는데, 앞에서도 언급한 EU 의회에서 천연가스 발전을 녹색분류체계에 포함시키려는 노력입니다. 왜 이게 갑자기 부각되고 있을까요? 간단합니다. 천연가스 발전을 계속하겠다는 의지입니다. 그리고 천연가스 발전이 탄소 배출에서 제외될 수만 있다면 2030 탄소 배출 감축 목표 달성이 한결 쉬워집니다. 앞서 말씀드렸듯이 미국의 2020년 기준 가스 발전은 무려 41%나 됩니다. 천연가스 발전이 탄소 배출에서 제외될 수만 있다면 석탄 발전은 20%이기 때문에 미국도 탄소 배출 감축 목표 달성이 그렇게 어렵지 않게 됩니다. 가스는 메탄이 주성분이기 때문에 이산화탄소보다 훨씬 강력한 온실가스입니다. 그럼에도 불구하고 메탄가스의 발전 과정에서 배출되는 이산화탄소는 포집해서 처리가 가능하고 수소 연료까지 확보할 수 있는 기술까지 접목할 수 있기 때문에 그린에너지로 탈바꿈할 가능성이 있습니다. 원자력과 천연가스가 에너지 녹색분류체계에 포함된다는 가정을 하면 결국 남는 것은 석탄 발전뿐입니다. 석탄 발전 비율이 높은 나라는 결국 중국(63%), 인도(72%), 한국(36%)으로 귀결됩니다. 이 말은

2030 탄소 배출 감축 목표는 석탄 발전 비율이 압도적으로 높은 세 나라를 타깃으로 했다는 뜻이라고 해도 과언은 아닙니다.

이 대목에서 다시 질문드리고 싶습니다. 기후변화 위기 극복을 위한 에너지 과학기술과 에너지 정책을 포함한 정치가 분리될 수 있을까요? 기후변화의 현상이 팩트이고 과학적 사실이듯이 위기 극복의 정책과 실천에는 그 어떤 다른 요소보다 정치가 큰 몫을 담당하는 것 역시 사실입니다. 다른 얘기 같지만 에너지 과학기술과 정치는 떼려야 뗄 수 없는 복합적인 한 몸입니다. 천연가스 발전의 녹색 분류 없이 태양광과 풍력의 재생에너지만으로 탄소 배출 감축 목표 달성이 현실적으로 가능할까요? 원전을 중단하겠다는 목표 달성 또한 어려운 얘깁니다. 기후변화 위기 극복 실천의 가장 큰 역할은 사실 에너지 정치라고 해도 과언이 아닙니다. 그럼에도 불구하고 재생에너지, 또는 원전이 기후변화 위기 극복의 핵심 과학기술이라고 주장하는 것은 크게 설득력이 없어 보입니다. 인류는 여러 에너지원을 이용해 에너지를 만드는 것이 아니라 어쩌면 엄청난 에너지 사용으로 지구환경이 망가져도 그럴듯한 논리를 가져와 문제를 어렵지 않게 해결하는, 즉, 영혼을 발전해서 사는 것이 아닌가 하는 생각까지 들게 합니다.

기후변화 위기 문제에서 과학기술과 정치를 포함한 사회과학을 분리하면 자칫 국가와 기업 또는 개인이 자신이 몸담은 곳의 이익을 방어하고 지키기 위한 논리가 되어버릴 수 있음을 경계해야 할 듯합니다.

2장

전 세계가 주목하는 한국의 인구 급감, 그 해결책은?

김경웅 저는 무엇보다도 시급히 해결해야 하는 대한민국의 긴급 현안은 기후위기와 인구 급감이라고 생각합니다. 기후위기 문제는 우리나라만의 문제가 아니고 전 지구적인 문제이기에 교수님과 지속적으로 논의하여 이 책에 실을 예정이고 오늘은 그 다음으로 시급한 인구 급감 문제에 대해서 의견을 나누고 싶습니다. 저는 우리나라 인구 급감 문제를 심각하게 고민을 해오고 있습니다. 그런데 제가 이 분야의 전문가가 아니므로 저는 20년 전 육아를 경험했던 젊은 시절을 회상하면서 나름의 해결책을 제시해보고자 합니다.

조재원 교수님의 문제 제기에 감사드립니다. 그런데 한국사회의 인구 문제에 대해서도 교수님과 저는 다른 시각을 갖고 있는 듯합니다. 교수님은 인구 급감이라고 표현하셨잖아요. 그런데 저는 '인구 정상화' 또는 '인구 최적화'라고 부르고 싶어요. 큰 시각 차이를 가지죠. 인구 급감은 인구가 줄어서 큰일 난 것이지만 인구 정상화라고 부르면 인구가 한국의 국토와 자원 그리고 여러 사회 구조를 고려했을 때 너무 많았는데 이제 최적의 인구로 되어가고 있다는 희망적인 신호로 보는 것으로, 큰 시각 차이가 있습니다.

김경웅 그렇더라도 너무 급속도로 비정상적으로 감소하는 게 문제 아닐까요? 통계청에 따르면 한국 인구는 2070년에는 3,800만 명으로 줄어든다고 합니다. 빠른 인구 감소의 이유는 당연히 저출생으로, 2024년 1분기 합계출산율이 분기 기준으로 역대 최저 수준을 기록했다고 하네요. 통계청의 '2024년 3월 및 1분기 인구동향'에 따르면 1분기 합계출산율은 0.76명으로, 이는 1분기 기준 역대 최저치랍니다. 합계출산율은 가임 여성 1명이 평생 낳을 것으로 예상되는 자녀의 수로, 인구 정책을 설계할 때 가장 중요한 지표인데, 우리나라 합계출산율은 지난 2019년 1분기(1.02명) 이후 1명을 밑돌고 있어요. 합계출산율은 통상 연초에 가장 높고 연말로 갈수록 줄어드는데 2023년도 합계출산율은 1분기 0.82명에서 출발해 2분기 0.71명, 3분기 0.71명을 유지하다 4분기 0.65명으로 급락했다고 합니다. 너무 급속도로 감소하고 있는 상황이죠.

조재원 교수님과 저는 소위 '베이비 붐' 시대 전쟁 후 출산율이 급증한 시대. 한국은 1955년~1974년 사이 에 태어났습니다. 학창 시절 산아제한을 강조하는 정부의 여러 정책을 들으며 자랐죠. "둘만 낳아 잘 기르자"란 산아제한 표어를 학교와 방송에서 늘 들었습니다. 그러다 어느 날 인구 감소가 시작되면서 출산장려 정책을 듣게 되니, 아이러니하게도 산아제한을 귀에 못이 박히게 들은 베이비 부머들이 지금의 출산장려 정책을 주도하고 있다고 느껴집니다.

저는 상황에 따라 정책은 바뀔 수 있는 것이라고 강조하기 이전에 근본적인 질문을 우리 자신에게 해야 한다고 봅니다. 한국이란 나라에 적합한 최적의 인구수는 몇 명일까? 또는 최적의 인구수가 있기는 한 것일까? 저는 정해진 정답이 있다기보다는 한 나라의 경제 모델, 사회·문화 모델을 어떻게 정하느냐에 따라 적정 인구가 정해진다고 봅니다. 지금 저출생으로 인해 우리나라 인구가 세계 다른 나라들에 비해 급속하게 줄어들어서 큰일 났다는 식으로 보지 않았으면 하는 거죠. 미래 사회를 살아갈 세대는 베이비 붐 세대인 우리 세대가 아니라, 지금의 청년과 어린 세대입니다. 그들이 원하는 한국의 경제 모델, 사회·문화 모델이 무엇인지에 따라 미래 우리나라의 모습도 그들이 결정할 수 있도록 해야 한다고 믿어요. 이렇게 인구가 감소하다가는 연금이 고갈되고 산업일꾼이 부족해진다고 해석하는 자체가 지금 베이비 붐 세대의 관점에서 나라의 경제, 사회, 문화를 보았다는 거죠.

베이비 붐 세대와 X 세대 1965년~1980년 사이에 태어난 세대 를 거쳐 MZ 세대 1980년~2000년 사이에 태어난 세대 가 주도하는 때로 건너가는 중간 과도기에 연금과 국가예산의 부족 상황이 힘들다고 해서 젊은 세대가 살아갈 시대의 모습을 기성세대가 강요하고 있는 것은 아닌지, 냉정하게 인구문제를 봐야 한다고 봅니다. MZ 세대는 분명 그들이 원하는 국가와 사회 모델이 있을 것이고 그것을 결정할 온전한 선택권을 그들에게 주어야 한다고 생각합니다. 20~30년 정도의 과도기 연금과 국가 예산의 어려움은 함께 고민하면서 해결책을 찾아야 하지, 출생과 출산을 통해 이 문제를 단편화해버리는 것은 아니라고 저는 생각합니다.

김경웅 네, 교수님 말씀에 동감합니다. 그럼에도 걱정되는 것은 UN이 저출생 단계로 구분한 국가와 비교해도 한국의 인구성장률은 너무나 빠르게 하락하고 있다는 점입니다. 정부 통계전문가들은 "일본과 이탈리아는 한국처럼 저출생 고령화가 이미 많이 진행된 국가이기에 우리나라와의 비교 분석에 의미가 있다"고 설명하면서 "함께 저출생을 경험한 프랑스·독일·미국 등은 이민정책 등을 통해 생산연령인구를 확보하고 있다"고 말합니다. 계속되는 인구 감소로 한국의 인구 순위는 올해 29위에서 2040년 36위, 2070년 59위까지 하락할 전망입니다. 1970년 한국 인구는 세계 24위 규모였는데, 100년 만에 35계단 밀려날 것이란 거죠.

또 다른 문제는 국가 경제의 핵심 연령대인 생산연령인구 15세~64세 가 전체 인구에서 차지하는 비중 역시 빠르게 감소한다는 점입니다. 세계 평균 생산연령인구 비중은 2070년까지 60%대를 유지하는 데 반해, 한국의 생산연령인구 비중은 2012년 73.4%를 정점으로 계속 감소해서 2070년에는 46.1%까지 낮아질 전망입니다.

조재원 생산연령인구의 감소 문제와, 인공지능으로 인해 급격하게 감소 내지 소멸하고 있다는 미래 사회 일자리 문제를 한 테이블 위에 올려놓고 고민해보았으면 합니다. 인구 감소로 인한 생산연령인구 부족과 인공지능 시대 일자리 감소를 별도의 테이블에서 완전 다른 안건인 듯 논의할 경우, 자칫하면 일자리를 무리하게 만들어놨는데 정작 인력은 부족한 현상이 일어나는 해프닝도 가능해 보입니다.

미래 사회를 사회학뿐만 아니라 인류학의 관점에서 사회와 개인을 동시에 볼 수 있는 능력을 갖춘 인구 모델과 일자리 모델이 함께 만들어졌으면 하는 바람입니다. 고령화, 초고령화 사회가 오더라도 출산 장려를 통해 극복하는 방법도 있겠지만, 과도기를 합리적으로 극복할 수 있는 미래 한국 경제 및 사회문화 모델을 구상해보았으면 합니다.

저는 지금 바라보는 미래 역시 오랜 시간이 지나면 과거가 되기 때문에 시간의 축 위에서의 '미래'란 개념보다 상황 중심으로 과거, 현재, 미래를 관찰하는 '시간성' 개념을 선호합니다. 인구, 일자리, 미래 사회 가치와 윤리, 모두가 변수로 들어가 있는 한국형 모델이 고안되어 제안되었으면 합니다.

김경웅 미국의 미래학자 토머스 프레이[2]는 이러한 한국의 저출생 흐름을 반전시킬 4가지 정책 전략을 제시했습니다. 프레이는 "한국은 결단력 있는 행동이 필요한 갈림길에 섰다"며 "출생율 하락 흐름을 뒤집고 인구의 활력을 다시 살리려면 복잡한 요소들을 다루는 다각적인 전략

2 토머스 프레이(Thomas Frey)는 2020년 9월 9일 카이스트가 주최한 GSI(글로벌전략연구소) 포럼에서 80년 뒤 한국의 인구 감소를 경고하면서 여러 대안을 제시했다.

이 불가피하다"고 말했습니다. 그는 저출생 흐름을 고착시킨 요인으로 세 가지를 꼽았어요. 가장 큰 요인으로 꼽은 건 치열한 취업 경쟁, 과다한 주거비 부담 등으로 인한 젊은이들의 경제적 불안정입니다. 과다한 노동시간이나 양성 불평등 등 사회문화적 압박, 그리고 치열한 교육 경쟁 시스템도 결혼과 출산을 꺼리게 만드는 요인으로 거론했죠.

일면 설득력이 있는 내용이라고 볼 수는 있으나 한국에서 육아를 경험한 부모로서 저의 관점은 육아 부담의 키워드는 '비용'과 '자기계발'이라고 봅니다. 만약 국가가 육아에 필요한 전 비용을 담당한다면 당장 인구 급감을 막을 수는 있을 것 같은데, 어떤 식으로 이러한 제도를 시행할지는 당연히 전문가들의 몫이죠. 육아의 전 비용을 담당할 뿐만 아니라 인센티브까지 주게 된다면 그 효과는 빠르고 강하지 않을까요? 이런 경우 대부분 예산확보 등을 이슈로 삼는 이들이 있습니다. 그 판단은 이 문제를 얼마나 심각하게 보는지에 따른 정부 담당자의 몫일 것입니다.

조재원 교수님께서 말씀하신 국가가 육아에 필요한 비용과 자기계발을 담당해야 한다는 의견에 절반은 찬성하고 다른 절반에는 조금 다른 제안을 하고 싶습니다. 비용과 자기계발 자체에는 전적으로 찬성합니다. 다만 저는 그 비용과 자기계발을 위한 지원을 정부에 의존하는 대신 우리 사회가 담당해주었으면 하는 바람입니다. 한계가 있다는 것은 인정합니다. 지금과 같은 사회라면 정부가 아니면 할 수 있는 곳이 거의 없습니다. 정부 외에 돈을 가진 곳이 기업이지만 이윤 추구가 목적인 기업이 나서지는 않을 겁니다. 특정 단체가 담당할 수는 있겠지만 단체들

역시 정부의 지원을 받는 경우가 대부분이므로 결국 정부의 몫이 되어 버립니다.

그리고 우리가 한 가지 간과하고 있는 게 있습니다. 바로 블록체인 기반의 경제가 성큼 다가와 있다는 겁니다. 이 변화는 암호화폐가 현재 법정화폐를 대체하는 정도가 아닐 것이라는 것이 저의 예상입니다. 블록체인은 탈중앙집중이 논리의 핵심입니다. 블록체인과 암호화폐의 기본 논리를 중앙집중을 지향하는 정부와 UN과 같은 정치 개념에 적용해 이종접합 키메라 사회를 지향해서는 곤란하다고 판단합니다. 미래를 준비하는 최선은 기본에 충실한 것이라고 믿습니다. 긴 논의가 별도로 필요해 여기서 이어가기는 어렵지만 디지털 시대 중앙통제의 질서와 탈중앙으로 이루어질 수 있는 질서의 경쟁을 본격적으로 고려하고 시도해보았으면 하는 마음이 큽니다.[3]

김경웅 쉽지 않겠지만 출생율 저하를 막는 데 육아 비용 부담 해소가 꼭 이루어져야 할 것 같습니다. 그리고 또 한 가지, 신혼부부들이 출산을 포기하거나 미루는 또 다른 이유는 출산 후 생기는 경력 단절 문제라

---

3 2007년 미국발 버블 경제 붕괴 이후 2008년 제안된 두 가지 큰 개념을 염두에 두고 있다. 첫 번째가 빅데이터이고 두 번째가 블록체인이다. 빅데이터는 이후 인공지능(AI)으로 이어져 지금 세상을 뒤흔들고 있는 반면 블록체인은 암호화폐로만 귀결되어 투기의 대상을 만든 것이라고 오해할 수 있지만, 블록체인이 2008년 '비트코인 논문'을 통해 제안한 것은 탈중앙 통제 질서를 극복하기 위한 개념이라고 볼 수 있다. AI가 지금 아무리 사회 전역을 뒤흔들고 있어도 중앙집중형 사회 질서를 이전과 동일하게 유지하고 있다. 반면, 블록체인은 아직 그 활동을 시작도 하지 않은 것이다.

고 생각합니다. 이 부분은 단지 비용만으로 해결이 되지 않는, 향후 사회 일원으로서의 역할과 자존감에 관련된 문제일 것입니다. 사회적 역할과 자존감을 높이기 위해 육아휴직하는 부모 누구에게나 그 경력의 손실을 보상해주는 것이 필요하다고 봅니다. 육아휴직 기간을 경력으로 산정함으로써 승진 등에 아무런 피해가 없게 할 뿐 아니라 육아휴직 기간 중 국가의 비용으로 원하는 자기계발의 기회를 제공하는 등의 보상이 필요합니다. 육아휴직 기간을 각 개인이 평소하고 싶었던 것을 할 수 있는 재충전 기간으로 삼을 수 있게 비용도 일부 보조해준다면 많은 사람들이 기쁘게 출산을 할 것이라는 것이 제 생각입니다.

조재원 네, 일정 부분 공감합니다. 2019년 방영된 드라마 〈로맨스는 별책부록〉에서 강단이(이나영 분)는 육아로 광고 회사를 그만두고 10여 년 후 다시 직장을 구하려 합니다. 그런데 면접을 보러 간 한 회사의 면접관에게서 "어딜 다시 기어 나오려고, 내가 어떻게 지킨 자리인데"라는 말을 듣습니다. 교수님이 말씀하신 경력 단절의 어려움을 겪는 여성을 대변하는 장면이었다고 느꼈습니다. 교수님은 경력 단절 여성에 대한 정부 차원의 지원을 제안하셨는데요, 이번에도 저는 국가와 정부 대신 사회의 연대와 같은 탈중앙집중적인 방법으로 지원하는 방법을 구상하고 싶습니다. 탈중앙집중적인 구체적 방법이 다른 나라에서도 전례가 없다고 하더라도 한국이 처음 시도했으면 합니다. 탈중앙집중 지원은 가치의 연대로 이루어지는데, 가치 경제적으로 대중이 모여서 경력 단절 여성 지원 등의 역할을 하는 거지요. 아직 구체적인 사례가 없어 예를 들기 어렵지만 정부와 같은 중앙에서 결정해 예산으로 지원하는 방법이 아니라 사람들이 뜻을 가지고 모이니 지원이 자연스럽게 이루어지는 식이죠. 이 탈중앙집중식 연대나 지원 방식은 사회 모든 부분에서도 중요하니 계속해서 논의를 이어나갔으면 합니다.

3장

미래는 마이너스 엔트로피 사회?

김경웅 디지털 기술의 발달은 우리의 일하는 모습을 크게 변화시키고 있죠. 첫째는 로봇기술이 공장으로 들어와 인공지능과 결합한 기계가 인간의 역할을 대신함으로써 일자리 감소를 초래하고 있다는 점입니다. 다른 하나는 디지털 플랫폼을 기반으로 하는 네트워크 형성이 새로운 비즈니스 모델을 창출하여 전형적인 전일제 정규직 일자리가 아닌 다양한 형태의 고용이 탄생하면서 일자리의 질이 저하될 수 있다는 점이죠.

이러한 디지털 전환은 일자리의 불평등 확대를 가속할 것이라는 우려가 많지만, 새로운 일자리의 출현과 기술 융합으로 혁신을 선도할 것이라는 기대감도 있다고 봅니다. 제가 이 분야 전문가가 아니기에 디지털 사회에 대한 안목이 부족하여 교수님께 여쭤봅니다. 교수님께서는 미래에 일부 한정된 분야만 일자리가 늘어날 것이며 경쟁이 치열해질 것이라고 보면서 이를 엔트로피의 개념으로 설명하고 계시죠?

조재원 물리학 또는 열역학에서 우리와 같은 이과생들은 엔트로피 개념을 무조건 양+의 값으로 이해하잖아요. 무질서도 또는 자유로워지고 싶어 하는 에너지로 알고 있고요. 열역학 제2법칙에서도 엔트로피가 증가하는 방향으로 반응이 자발적으로 일어난다고 배웠습니다. 그런데 팬데믹이 한창일 때 우연찮게 베르나르 스티글러[4]라는 프랑스 철학자를 알게 되었는데요, 물론 제가 공학자로서 그분의 깊은 사상을 이해했다기보다는 그분이 말한 '마이너스 엔트로피' 개념이 마음에 굉장히 와 닿았습니다. '맞아, 이거야. 디지털 기술이 지배하는 미래 사회는 이런 모습일 거야'라는 생각이 든 거죠.

스티글러의 주장은 이런 식입니다. 미래 디지털 사회에는 인공지능과 이를 장착한 로봇이 거의 모든 인간의 일자리를 차지해 우리가 비집고 들어갈 만한 공간이 아예 없어져버린다는 겁니다. 현재와 같이 직장을 구하려는 사람은 많고 일자리는 한정되어 있는 상황과는 전혀 다른 차원입니다. 원하지만 비좁은 직장으로 경쟁을 뚫고 취업하려는 것은 취업 희망자를 기준으로 보면 엔트로피가 낮아지는 상태로 이동하고 싶은 것이고 사회 전체를 보면 한정된 직장을 두고 경쟁하는 갈등이 첨예해서 폭발 직전의 상태로 볼 수 있습니다. 개인 차원에서는 엔트로

4 베르나르 스티글러(Bernard Stiegler)의 책 『Automatic Society, volume 1: The Future of Work』(2016, Polity Press)를 말한다. 이 책은 마이너스 엔트로피 개념 외에도 디지털 시대의 여러 흥미로운 점들을 다른 시각으로 말해준다. 예를 들면, "데이터는 새로운 석유다", "www 세상은 존재하는 의미를 연결하는 것이 아니라 연결하니 생기는 의미를 지향한다" 등의 디지털 시대의 철학을 소개한다.

피를 낮추어 꿈의 직장을 가지고 싶어 하지만 개인이 모인 사회는 엔트로피 폭발 직전인 거죠. 세계 경제의 흐름, 변화 혹은 국가 정책적 지원으로 특정 분야이기는 하지만 일자리가 대량으로 만들어져 꽉 막혀 있던 취업이 폭발적으로 늘어나는 경우가 이에 해당됩니다. 인공지능 분야, 시스템 반도체 분야에 정부가 엄청난 예산을 쏟아부어 그전에는 상상할 수 없었던 일자리가 생겼다면, 극도로 낮은 엔트로피로 답답하게 꽉 막혀 있던 상태에서 순식간에 일할 기회가 급격하게 많이 생겨 엔트로피가 폭발적으로 증가한 겁니다.

그러나 미래 사회는 다릅니다. 정부 아니라 그 어떤 강력한 지원이 생기더라도 인간을 위한 일자리가 늘어나지는 않을 것이라는 거죠. 그러니 미래 사회 인간은 인공지능 로봇 사이의 틈을 비집고 들어가기 위해 자신의 엔트로피를 낮추는 노력으로는 일자리를 구할 수 없을 것이라는 겁니다. 대신 가상 세계 속에서만 자신이 기여할 수 있는 공간을 마련할 수 있습니다. 그래서 이를 마이너스 엔트로피라고 명명합니다. 미래 불확실한 사회의 모습을 마이너스 엔트로피라고 이해한 것입니다.

김경웅 조 교수님은 디지털 기술 시대를 논하면서 마이너스 엔트로피 개념을 도입하셨는데, 이러한 철학 분야에는 문외한인 제가 이해할 수 있도록 좀 더 추가적인 설명을 부탁드립니다. 과거에 제가 배운 열역학 제2법칙에 나오는 엔트로피는 자연 물질이 변형되어, 원래의 상태로 돌아갈 수 없는 현상을 말하죠. 물체가 열을 받아 변화했을 때의 변화량을 가리키는 용어로 흔히 '무질서도' 정도로 알고 있어요. 현대에 와서는 지나친 자연 파괴로 엔트로피가 계속 증가하다가 어느 순간 열(혹은 에너지)이 더 이상 이동하지 않는 열 평형에 도달하게 되어 우주가 종말을 맞게 될 수도 있다는 것입니다. 다시 말하자면 기술혁명은 필연적으로 엔트로피를 급속히 증가시킨다는 것 정도가 엔트로피에 대하여 제가 아는 내용입니다.

기술혁명으로 야기한 엔트로피의 급속한 증가가 생태계 파괴, 기후위기 등을 가속하여 인간이 스스로의 환경을 파괴해나가면서 결국은 멸종에 이를 수 있다는 정도입니다. 지금의 시대를 '인류세'라고 부르고 지구 온난화로 인한 인류의 멸종 가능성을 조심스레 예측하기에 스티글러는 디지털 자본주의가 엔트로피의 더더욱 가파른 증가를 불러올 것이라 보는 거군요. 그러니 인간들이 살아남기 위해서는 엔트로피의 증가를 늦춰야 한다고 경고하고 있다는 것이죠?

조재원 공부를 한다는 것이 이래서 어렵고 또 재밌다는 생각이 듭니다. 말씀드린 내용은 스티글러 교수의 책을 읽고 마이너스 엔트로피를 제 나름대로 이해한 것입니다. 그런데 재밌는 것은 제가 이해한 것을 만약 스티글러 교수께 물어봤는데 그런 것이 아니라고 하더라도 적어도 생각 하나가 제 나름의 해석으로 인해 생겼다는 점입니다. 김 교수님도 저와 얘기하면서 제가 가진 것과는 다른 엔트로피 개념 하나가 생겼다면 이를 연구자로서 자연스럽게 받아들이시잖아요. 저희가 강의한 개념과 다른 것을 학생들이 가질 때 오히려 보람을 느끼는 것과 맥이 통합니다.

이런 전제를 깔고 미래 사회의 엔트로피를 제 나름으로 설명해보겠습니다. 이번에는 사랑이란 예를 들어보겠습니다. 젊은 시절 제 아내를 사랑한 것과 지금 사랑하는 것을 비교하면 '사랑이 식었나?'라고 오해할 수도 있습니다. 하지만 그런 것이 아님을 우린 잘 알잖아요. 표면이 뜨거운 것과 깊이를 가진 곳이 뜨거운 것은 분명 다른 형태이지만 사랑이 식었다고 하지는 않죠.

사회의 에너지가 활발한 것도 비슷합니다. 사회의 특정 분야의 표면이 뜨거운 것과 내면의 깊이에서 활발한 것은 다릅니다. 표면의 자유도와 활동만 측정한다면 지금 지구의 표면은 불덩이 같은 갈등과 인간의 욕망으로 가득하죠. 경쟁하듯 이산화탄소를 뿜고 서로에게 책임을 전가하기도 합니다. 또 좋은 직장, 3D 일자리로 나누어 좋은 것을 쟁취하기 위한 경쟁과 갈등의 엔트로피는 측정하기 힘들 정도로 뜨겁습니다. 그러나 이런 현상의 표면을 한 꺼풀, 두 꺼풀 벗겨내면 왜 이런 경쟁을 하고 있는지 알기 힘들 정도로 내면의 고민은 차갑게 얼어붙어 있습니다. 별생각 없이 그냥 가지려 하고 말도 안 되는 경쟁에만 집중하는 거죠.

깊이 있는 층이 활발해 엔트로피가 높으면 에너지 질량 불변의 법칙에 의해서 표면은 식은 듯 보일 수 있습니다. 미래 사회는 이런 층위를 가진 구조를 갖게 되므로 표면은 오히려 차갑게 식은 듯 보이는 안정이 핵심적인 특성입니다. 대신 사회 내면의 층위에서 활발한 엔트로피가 올라가고 있는 것이죠.

교수님께서 말씀하신 엔트로피의 '무질서'는 보는 시각에 따라 달라집니다. 질서가 없다고 보는 것은 이미 누군가에 의해 결정된 중요한 질서가 어딘가에 있다는 것을 전제합니다. 하지만 중앙과 주변, 중요한 것과 덜 중요한 것의 구별이 없다면 질서와 무질서는 보는 관점에 따른 차이일 수도 있게 됩니다. 공간과 시간까지도 모두 상대적이란 거죠. 세상의 깊은 층에서의 높은 엔트로피를 통해, 스티글러 교수는 이렇게 차갑게 식은 듯 보이는 미래 사회의 표면이 사회의 안정뿐만 아니라 지구온난화 같은 자연현상도 단번에 해결해버릴 것이라는 예측까지 했습니다. 디지털 시대 가상 공간, 가상 시간의 개념으로 만들어진 지금 현실과는 다른 실재the Real 도 품어야 한다고 그는 말하고 있다고 생각합니다.

미래 사회 엔트로피는 이렇게 이해를 한다 하더라도 새로운 궁금증이 생깁니다. 지금까지는 갈등과 경쟁을 피하기 위해 아무리 노력해도 안 되다가 미래 사회라고 해서 이게 갑자기 이루어진다는 논리가 이해가 되지 않습니다. 이런 현상을 이해하려면 미래 사회로 진입하면서 새로운 패러다임 하나가 생겼다는 것을 잊어서는 안 됩니다. 그것은 바로 디지털 세상의 개막입니다. 1989년에 www 세상이 열리면서, 의미가 있어 전달하고 싶을 때 타인과 연결하는 것이 아니라 연결하니 의미가 생기게 되었습니다. www 세상은 비해석 언어인 html을 택했기 때문입니다. 일단 연결하고 보면 자연스럽게 연대하게 되어 그제야 의미가 생기는 겁니다. 타인과 연결되려면 의미를 찾았던 시대에서 연결이 의미를 가져다줄 것이라는 믿음을 디지털 기술이 가져다준 겁니다. 이런 패러다임 전환을 www 세상을 연 팀 버너스리Tim Berners-Lee 영국 옥스퍼드대 교수가 의도했는지는 모르지만 엄청난 결과를 낳은 것은 분명합니다.

물론 이런 변화는 서서히 다가오고 있습니다. 인류의 긴 세월과 비교하면 1989년 이후 겨우 35년 남짓 흘렀을 뿐입니다. 의미를 찾았을 때 비로소 연결하는 시대는 드러난 의미 주위로 많은 사람들이 몰리게 되고 서로 가지려 경쟁하는 것이 당연합니다. 경쟁에서 이기려고 특정 가치의 주위로 모인 사람들끼리 이해타산을 따져서 연결되는 겁니다. 그러나 디지털 세상은 다릅니다. 확고하게 드러난 가치란 없습니다. 의미 같은 것은 따지지 않고 일단 연결합니다. 연결하니 연대되고 연대된 사회는 가치를 쏟아내게 됩니다. 경쟁과 갈등 없는 연결은 공간의 제약을 받지 않습니다. 디지털 세상의 핵심적인 특징입니다. 그러니 그곳에서 엔트로피의 높고 낮음을 따질 필요 자체가 없습니다. 인공지능이 거의 모든 일자리를 가져가도 걱정할 필요가 없습니다. 의미를 특정 가치 기준으로 세우고 사람을 모으는 형태를 취해왔던 인류세 또는 자본세[5]와는 전혀 다른 인류가 탄생하고 있습니다. 그것은 디지털 인류, 사이보그 인류의 등장인 것입니다.

---

5 산업혁명 이후 화석연료 이용은 이산화탄소를 대기 중으로 배출해 기후변화 재앙이 도래했다. 그 결과 지질층의 변화까지 야기했고 그 책임은 산업혁명을 주도한 인류에게 있다고 믿어서 1995년 노벨 화학상을 수상한 폴 크루첸(Paul Crutzen)은 이 시기를 '인류세'로 명명했다. 또한 인류 전체가 그런 것이 아니라 산업기술을 이끈 자본이 했다고 보는 시각도 있는데, 도나 해러웨이(Donna Haraway)는 저서 『트러블과 함께하기: 자식이 아니라 친척을 만들자』(2021, 마농지)에서 '인류세'를 '자본세'라고 해야 한다고 말한다. 해러웨이의 또 다른 책으로 『해러웨이 선언문: 인간과 동물과 사이보그에 관한 전복적 사유』(2019, 책세상)도 있다.

4장

환경공학의 한계와 가능성

김경웅 저는 1994년부터 환경공학과 교수를 하고 있으니 벌써 30년이 넘었네요. 어느 자리에서건 저의 전공을 물어오면 "환경공학" 또는 "토양 및 지하수를 깨끗하게 하는 전공이에요"라고 답합니다. 예전부터 늘 돌아오는 반응은 "앞으로 유망한 전공이네요"입니다. 그러나 이러한 이야기를 들은 지 30년이 지났는데도 여전히 '앞으로'라는 수식어가 붙습니다. 현재에는 인기가 별로 없지만 앞으로 필요할 가능성이 있다는 이야기겠지요. 그러나 제가 요즘 느끼기로는 앞으로 유망할 것이라는 전망마저도 이제는 더욱 비관적이 된 것 같습니다.

최근 10년간 바이오, IT 열풍을 지나 이제는 AI 시대에 살다 보니 첨단이라는 느낌과는 다소 먼 환경공학은 더더욱 뒤편으로 밀려나는 느낌이에요. 특히 대학교 진학에서는 환경공학에 대한 관심이 줄어서 지원하는 학생이 급감하자 '에너지', '기후변화' 등의 수식어가 붙는 학과로 명칭을 바꾸고 있죠. 솔직히 환경공학이라는 학문 분야 자체가 노벨

상급의 어떤 새로운 발견을 하는 학문이기보다는 기존의 여러 기술들을 활용하여 지구환경 문제 해결에 적용하는 분야이니까요. 제 생각에도 대학교 학부에는 필요하지 않고 대학원 이상에서 전공자가 필요한 학문이라고 생각합니다.

저의 연구 분야만 해도 기존에 존재하는 다양한 기계, 토목, 화학, 생물학적인 기술을 바탕으로 오염된 지하수 및 토양의 복원을 위해 다양한 현장 상황에 맞게 적용하여 활용하는 분야입니다. '첨단'이라는 이미지와는 전혀 관계가 없기에 학문적인 측면뿐만 아니라 실제로 산업적인 측면에서도 대기업들이 이 분야에 뛰어들지 않는 것을 보면, 여전히 환경산업을 통한 충분한 이윤이 발생하지 않는 것이지요. 환경산업 자체가 아직도 필요는 하지만 어떻게든 회피하면서 지출을 최소화하고자 하는 것이 이윤 추구를 최선으로 생각하는 모든 기업체들의 기본적인 시각이니까요.

그렇다면 언제 이런 환경산업이 활성화되어 환경공학이 인기 있는 분야가 될까요? 이 시점에서 환경공학 전문가들이 해야 할 일은 무엇일까요? 아마도 환경공학이 필요한 시점이 되면 '이미 때는 늦으리!'일 것입니다. 우리가 도저히 견디기 힘들어서 '이제는 환경 문제를 해결해야 하겠구나'라고 느낄 때는 그 비용이나 시점에서 적절한 타이밍을 놓쳤을 것이라는 것이죠.

여러 통계를 보면 많은 일반 시민들이 환경에 관심을 갖게 되는 시점은 1인당 국내총생산GDP이 약 7천~8천 달러를 통과하는 시점이라고 합니다. 말레이시아의 경우를 보면 제가 코타키나발루의 마뭇Mamut 광산 지역의 환경 문제에 자문하던 2000년대 초반이 딱 그 시점이었던 것 같습니다. 이런 시점에 제일 먼저 관심을 두게 되는 것이 물 문제이고, 이때부터 하수 처리 시설, 식수 문제가 대두되어 사람들이 정수기를 사용하게 되는 시점인 것 같습니다. 그 시기에 환경공학 관련 전문가에 대한 수요가 생겨나기 시작합니다.

우리나라도 산업화가 급속하게 진행되던 1970년대 말부터 80년대 초에 1인당 GDP가 7천~8천 달러를 통과하면서 다양한 환경 관련 이슈가 터져 나왔고 민주화의 물결에 힘입어 직업 및 환경 의학에 대한 사건 사고와 산업 폐수 및 폐기물 문제가 제기되었던 것 같습니다. 도움을 받던 나라에서 도움을 주는 나라가 된 유일한 사례인 대한민국이 이러한 산업화를 경험하면서 불거진 환경 문제에 대한 경험을 공유할 매우 좋은 모범 사례로 여겨집니다.

우리나라는 KOICA한국국제협력단 등을 통해 환경 관련 이슈에 대한 개도국 지원이 이루어지고 있는데, 캄보디아의 왕립 프놈펜대학교에 환경공학과를 설립하는 프로젝트의 진행도 그중 하나입니다. 여전히 캄보디아는 2024년 기준 1인당 GDP가 2천 달러 이하의 저소득 국가이기에 환경산업 자체가 존재하지 않고, 환경공학과에 대한 관심 및 지원자가 적으며, 학생들을 가르칠 교원도 거의 없는 상태입니다. 그러나 우리의 경험을 바탕으로 이러한 국가들에서 환경공학 전문가를 미리 배출하여 향후 수요가 예상되는 환경 분야의 미래를 준비하면서 환경 및 기후 관련 문제를 미리 대처해나가는 것이 환경공학이 나아가야 할 방향이라고 생각됩니다. 이것이 환경공학을 전공한 우리가 현시점에서 인류에 기여할 수 있는 방법이 아닐까요?

조재원 저도 교수님과 비슷한 생각을 합니다. 환경공학은 영원히 유망 학과로 남을 거라는 생각 말이죠. 이 말은 환경공학은 결코 유망한 학과가 될 일이 없을 것이라는 것을 의미합니다. 최소한 저에게는 그렇습니다. 교수님은 30년을 환경공학 연구와 교육을 해오셨는데 저는 25년쯤 되다 보니 깨닫게 되는 무언가가 있더라고요. 그것은 유망한 게 꼭 좋은 것만도 아니고 뜬구름 같은 환상을 좇는 것이라는 생각이 들어요. 학문에 무슨 유망이 있고, 정리 대상이 따로 존재하겠어요? 사람들이 만들어낸 생각이죠. 2000년대 초, 환경공학이 그나마 인기가 있던 시절을 지나 암흑기를 맞으면서 '환경'이라는 주제를 제대로 볼 수 있는 시각을 환경공학 분야 연구자들이 갖게 되었다고 봅니다. 이제야 환경공학의 분과 학문으로서의 역할이 무엇인지 비로소 진지하게 고민하게 되었다는 것이죠. 학부보다는 대학원 중심의 학문이라는 교수님의 생각에 동의하는 이유입니다.

2000년대 환경공학이 경제성장의 한 기둥을 마치 짊어져야 한다는 사명감 같은 것으로 오도되었다면 이제야 비로소 제대로 된 위치로 돌아와 역할을 고민하게 된 듯합니다. 이런 면에서 탄소 중립, 탄소 거래, ESG환경, 사회, 지배구조 등으로 여전히 환경공학으로 자신들의 이익을 높이려는 태도에 개인적으로는 적잖게 불편함을 느낍니다. 이제는 경제 성장과 미래 먹거리 산업과 같은 다른 분야의 들러리에서 인류와 지구의 미래를 걱정하는 제대로 된 연구와 교육으로 돌아왔으면 하는 바람입니다. 이는 경제와 산업과는 거리를 두자는 말이 결코 아닙니다. 경제와 산업이 요구하는 환경공학이 되는 대신, 환경공학의 본연에 충실하면 자연스럽게 경제와 산업으로 이어진다는 믿음을 가져보자는 제안입니다. 이를 위해 친환경이라는 말에 대해 의견을 드리고 싶어요.

종종 뷔페 식당 같은 데서 "음식물을 남기면 환경분담금 2,000원을 추가로 내셔야 합니다"와 같은 문구를 발견합니다. 손님들은 음식물을 남기지 않으려고 노력합니다. 식사를 마치고 음식물 쓰레기를 남기지 않은 자신의 노력에 흐뭇해하죠. 친환경 식당과 친환경 손님이 된 셈입니다. 하지만 다른 해석도 가능한데, 식당은 해당 문구를 손님에게 보여줌으로써 음식물 쓰레기를 남기지 않아 음식물 쓰레기 처리 비용을 절감했고, 손님은 음식물을 남기지 않아 2,000원의 환경분담금을 피했을 뿐이라는 겁니다. 결과는 같지만, 경영을 잘했을 뿐 친환경 식당은 아닐 수 있다는 해석입니다.

폐수나 대기오염 관련 법률 규정이 엄격하여 위반 시 처벌을 받거나 또는 벌금을 내야 할 때, 폐수 방류, 대기오염을 철저하게 관리하는 기업이라고 모두 친환경 기업은 아닙니다. 기후변화 위기관리 차원의 환경분담금과 탄소세를 아끼기 위해 노력하는 정부가 모두 친환경 정부는 아닙니다. 이런 노력을 하는 정부 관료가 모두 친환경 철학을 가진 것도 아닙니다. 친환경으로 포장된 노력이 특정 상황의 변화 속에서는 변질되고 얼마나 쉽게 퇴색되는지 어렵지 않게 발견할 수 있습니다. 많은 비가 내리면 일부 공장은 폐수를 무단 방류하고 공공 하수처리장도 처리 용량이 초과되면 별다른 처리 없이 방류되도록 설계되어 있습니다. 팬데믹 상황에서의 플라스틱 사용량 증가도 마찬가지입니다. 정부가 바뀌면 기후위기 정책도 조삼모사인 경우가 허다합니다. 애써 개발한 환경기술이 법, 효율, 그리고 경제성 논리 앞에서 무기력해지기 일쑤입니다.

친환경 실천 시민, 친환경 가게, 친환경 기업, 친환경 정부가 따로 있는 것이 아닙니다. 엄밀히 따져보면 그렇게 되는 상황이 있을 뿐입니다. 사람, 가게, 기업, 정부를 믿기보다는 친환경으로 가는 조건과 상황을 만들어 실행하는 것이 효과적일 수 있다고 믿는 배경입니다.

환경공학의 한계도 이를 이용하여 극복할 수 있습니다. 기존의 환경공학은 폐기물을 처리, 정화하는 기술에 집중했다면, 앞으로의 환경공학은 새로운 생태 가치를 만드는 역할도 담당해야 한다고 봅니다. 폐기물로부터 만들어진 것이 재활용 자원에 그치지 않고 순환경제 속에서 새로운 투자가 가능한 생태 가치를 만들어 대중 참여 가능성을 넓힐 수 있습니다. 대중 참여라는 디지털 시대 가능성의 문이 활짝 열려 있습니다.

기존 폐기물 자원화 테두리에 얽매이지 않고 가치 생성 구조를 공격적으로 디자인해볼 수 있는 열쇠는 메타버스에서 찾아볼 수 있습니다.

음식을 남기면 벌금을 문다는 문구 대신 "음식물을 남기지 않으면 폐기물 자원화 투자 토큰[6]을 드립니다", 기후변화 대응을 위한 물 사용량 절감 홍보와 계도 대신 "물 발자국 줄이기 투자 토큰을 드립니다"와 같은 전혀 다른 소통이 디지털 시대에는 필요합니다. 여기서 토큰은 대중의 소통 도구입니다. 이렇게 투자된 토큰은 순환경제 환경체계 속에서 수익을 만들어 참여한 대중에게 배당될 수 있습니다. 폐기물 처리만 담당하던 환경공학이 대중 참여 문화와 순환경제로 가치를 확대하는 메타버스 기술을 품게 되는 거죠. 디지털 시대 환경공학이 담당해야 할 새로운 임무이고 가능성입니다.

6 토큰(token)은 상징을 지닌 화폐의 역할도 한다. 토큰이 화폐 정체성을 갖는다고 보았다. 사용할 목적을 한정함으로써 토큰 화폐가 쓰이면 유사한 의미의 가치가 모여들게 하는 역할을 할 수 있다.

5장

대학교육 어떻게 개혁할 것인가?

조재원 제가 믿기로 광주 시절 교수님과 고민을 많이 나누었던 주제는 단연 교육이었던 것 같습니다. GIST가 과학기술 특성화 대학이면서 후발 주자라서 논문이란 성과가 강조되다 보니 교육에 대한 고민은 깊어질 수밖에 없었던 것 같습니다. 이번 장에서는 교육, 특히 대학교육에 대해 얘기를 나눠보고 싶습니다.

대학교에 '큰' 대가 붙은 이유

교육의 단계를 보면 목적이 분명하게 드러납니다. 초등, 중등, 고등이 그것인데 배움을 시작하는 '초'가 출발이고 배워가다 보면 가운데 '중'에 도달하고, 이후 높은 단계 '고'에 이른다는 거죠. 초등, 중등, 고등으로 이어지는 배움의 단계 이동입니다. 이어진다고 믿는 대학은 실은 고등의 다음 단계가 아니라 차원을 바꾸는 것입니다. 저는 '고'보다 더 높다는 의미의 단어를 쓰지 않고 '큰 대'를 사용한 이유가 분명 있을 것이라고 봅니다.

영어로도 대학university은 '우주universe'라는 뜻을 담고 있잖아요. 대학은 세계가 아니라 세상을 공부하기에 배움의 범위를 벗어나 바뀐 차원을 다루게 됩니다. 공을 던지면 공은 포물선을 그리고 날아가다가 다시 땅으로 떨어집니다. 이 과정에서 공을 던진 힘을 알게 되고 던져진 공은 공기 중에서 마찰력과 중력의 영향으로 포물선을 그리며 떨어진다는 것을 학교에서 배우죠. 이를 수학으로 표현하고 힘, 마찰력, 중력을 변수로 날아간 거리와 착륙 지점을 계산할 수 있습니다. 이것이 초등, 중등, 고등학교에서 배우는 물리의 세계입니다. 하지만 대학에서는 공을 관찰하고는 다른 차원을 고민합니다. 공의 궤적을 알기 위해 필요한 변수가 어떤 배경에서 힘, 마찰력, 중력인지, 꼭 그렇게 단정해야만 하는지, 혹시 다른 변수가 있음에도 불구하고 다른 대안을 간과한 것은 아닌지 묻습니다. 그래서 대학을 높다고 하지 않고 크다고 하는 것이겠죠.

높은 지식은 전수가 되지만, 즉 가르칠 수 있지만 큰 지식은 함께 알아가야 합니다. 대학에서 여전히 강의가 이루어지고 있지만 강의는 형식일 뿐, 실제로는 함께 고민하는 시간이 있을 뿐입니다. 무엇을 모르는지 아는 것을 '앎'이라고 하는 것과 다르지 않죠. 저는 대학교육에서 학점으로 순위가 매겨지는 것은 자가당착이라고 봅니다. 아무리 노벨상 받은 물리학자라도 입자의 이동 방정식 변수에서 힘의 항을 의심하는 학생들의 토론에 어떻게 높고 낮은 점수를 매길 수 있을까요. 대학을 스스로 깎아 내리는 행위라고 봅니다. 상대 평가 운운하면서 학점

가이드라인을 제시하고 심지어 자신의 제안을 대학이 실천하는지 평가하는 교육부의 교육정책은 벗어나야 할 교육 구조의 대표적인 예라고 말하고 싶습니다. 학생의 큰 고민과 배움을 상과 벌로 조절하려는 것에서 대학은 벗어나야 합니다. 학생뿐만이 아니라 심지어 대학에도 순위가 있지요. 국내외 대학의 등수를 매겨 좋은 대학, 나쁜 대학이 생기게 만들고 있습니다. 평가 지표가 생기는 바람에 '큰[大] 배움[學]'에 좋고 나쁨이 생겼습니다.

기업인들로부터 자주 듣는 말이 있습니다. "대학에서 무얼 배우는지 모르겠다. 입사 후 모두 다시 가르쳐야 한다"라는 대학교육에 대한 회의적인 평가입니다. 그런데 이런 기업인들의 지적은 대학을 고정된 지식을 배우는 학원 정도로 취급하는 말입니다. 대학은 일부 기업인이 말하는 것과 같이 기업에서 쓰이게 될 지식을 갖춘 인재를 양성하는 곳이 아닙니다. 대학이 정말 인재양성소로 바뀐다면 기업과 산업계에는 도움이 될지 몰라도 국가의 교육은 뿌리째 흔들릴 것입니다. 아무리 세계 속 기업 경쟁이 힘들다고 해도 지식과 학문의 차이를 혼동하는 것은 곤란합니다. 교육부도 치열해지는 세계 산업경쟁에 대처하기 위해 지식과 기술로 무장한 인재를 대학이 공급한다는 교육관을 재고해야 할 것입니다. 산업 상황은 급변하기 때문에 대학에서 무장시킨 지식과 기술은 채 몇 년을 못 버티고 수명을 다합니다. 그러면 기업은 또 다른 새로운 인재를 찾고 교육부는 정책으로 이를 지원하는 식입니다. 그들이 믿는 인재가 급변하는 세계 경제 속 경쟁 상황에서 역할을 하는 것은 대학에서 배운 특정 지식과 과학기술 때문이 아니라, 고갈된 지식과 기술에도 불구하고 지식과 기술이 만들어지는 세상의 큰 원리를 이해하고 있기 때문입니다. 기업은 이를 자신들이 재교육한 결과라고 믿고 싶겠지만, 실은 기업과 교육부가 인재라고 믿는 '사람이란 존재'가 경쟁 세계 속에서 세상이란 큰 진리를 알고 대처한 결과라는 거죠. 이것이 대학이 여전히 역할을 하고 존재해야 할 이유입니다. 사람이 '세상을 고민하는 일' 말입니다.

학점, 학위를 유지하면서 대학을 개혁한다?

인력을 채용할 때 기업은 학위와 학점을 봅니다. 블라인드 채용이라고 하더라도 학위를 준 대학 이름이 가려질 뿐 학위, 학점은 그대로 작동합니다. 대학과 기업은 학위, 학점이란 지표로 일종의 소통을 하고 있는 것입니다. 지원자의 여러 다른 부분도 보지만 학위와 학점을 크게 고려하는 것이 사실입니다. 학위와 학점은 소통의 도구가 되는데, 이를 바탕으로 한 사람의 능력과 기업의 조직, 향후 수행해야 할 프로젝트와의 적합성이 평가되는 것입니다. 학위와 학점으로 소통한 인재들을 양산해온 셈이죠. 현실이 이럴진대 학위와 학점의 변화 없이 교육의 개혁이 이루어지기는 힘들다고 봅니다. 소통이 시스템을 만드는데 소통의 도구 변화 없이 어떻게 시스템이 변화할 수 있을까요?

교육 시스템을 바꾼다고 하면 시스템에서 사용되고 있는 코드를 바꾸는 것으로 착각하는 경우가 대부분입니다. 코드는 소통의 도구가 작동하는 조건일 뿐입니다. 특정 조건이 되면 성적에 반영되든지 고려되지 못하는 조건과 상황이 코드인 것입니다. 작동 '1'과 비작동 '0'을 결정하는 조건과 상황을 변화시키는 코드 조정은 시스템의 부분적인 모습은 변화시키지만 시스템 자체가 바뀌는 것은 아닙니다. 이제까지 코드 변화를 과대평가하고 큰 기대를 걸며 교육 시스템 개혁이라고 생각해왔습니다. 학점 체계를 변화시키는 것만으로는 대학교육의 큰 변화가 생길 리 만무합니다. 전공필수 과목을 개혁하고 A 학점 주는 백분율(%)을 조정하고는 이를 대학이 잘 지키고 있는지 감사한다고 해서 교육 시스템이 변할까요? 절대 아니죠. 이건 코드 변경에 불과합니다. 학위와 학점을 유지한 채 코드만 살짝 바꾸는 교육정책으로는 시스템 자체의 변화는 어림없습니다.

학위와 학점은 순위를 매기게 됩니다. 학위는 대학 순위, 학점은 학생의 순위를 어쩔 수 없이 나타내죠. 순위는 경쟁과 필연적으로 연결됩니다. 그렇지 않은 부분도 분명 있겠지만 기본적인 차별성은 어쩔 수 없습니다. 공부와 연구에 대한 강한 동기 부여 측면은 긍정적이지만 워낙 위력이 커서 교육의 다른 동기를 작동하지 못하게 하는 부작용이 있습니다. 만약 학위와 학점을 대신할 수 있는 무언가를 만들려고 한다면 무엇보다 순위 경쟁 없이도 동기를 줄 수 있는 도구가 생겨야 한다고 생각합니다.

한편으로, 학위와 학점을 대신할 수 있는 교육 소통의 새로운 도구는 인재 양성을 목적으로 해서는 안 됩니다. 지금과 같은 분과 학문의 전문가 양성 교육은 정부 중심의 지식 전달형 성격이 너무 강합니다.

대학이 이를 바꾸지 않으면 초·중·고등학교 교육의 변화도 힘들 것입니다. 분과 학문과 전문가 양성 중심의 교육 방향은 고스란히 초·중·고등학교 교과서에 반영되기 때문이지요.

이와 더불어, 교육 소통의 새로운 도구는 디지털 기술을 최대한 활용해서 만들 수 있으며, 또한 디지털 사회를 이끌어갈 역할도 고민해야 합니다. 교육 소통의 도구는 새로운 사회를 이끌 의무와 책임감이 있기 때문입니다. 현재까지는 교육 소통 도구인 학위와 학점이 이끌어 온 독특한 사회 질서가 있었습니다. 이 질서를 기반해서 사회의 여러 가치와 윤리가 형성되어왔으며, 오랜 시간 법과 윤리의 이름으로 우리 사회를 이끌어온 것이 사실입니다. 하지만 학위와 학점 그리고 경쟁 주도형 질서는 디지털 미래 사회에서 많은 한계를 드러내고 있죠. 따라서 이 책에서 다루고자 하는 '시간성' 개념이 교육 환경 분야에서도 요구되고 있습니다. 새로운 질서를 기다리는 신호가 많은 곳에서 보내오고 있으니 이를 새로운 교육 소통의 도구는 외면해서는 안 되겠지요.

김경웅 교수님께서 언급하신 교육 단계 중 대학의 역할, 특히 대학에서 배워야 할 것에 대한 일례는 너무나 좋은 설명이었기에 속이 다 시원할 정도였습니다. 저도 대학교에서 30년 넘게 학생을 가르치면서 '과연 대학에서 현재와 같이 고등학교 교육의 연장선상에서 가르치는 것이 맞는 것인가'라는 의문을 줄곧 가지고 있었습니다. 사실 제가 30여 년 전에 광주과학기술원에 처음 부임했을 때만 해도 몇몇 학생들은 특정 분야에서 저보다 뛰어난 능력을 가진 경우가 종종 있었기에 이러한 학생들에게서 배운다는 생각도 해봤습니다. 사실, 연구실의 학생들과는 토론식 수업을 진행하면서 연구에 대한 아이디어도 많이 얻었고요. 그러나 시간이 지날수록 이공계에 대한 인기도 떨어지고 특히 전체적으로 입학하는 학생들의 수준이 낮아지면서(고등학교 교육의 문제라고 탓하고 싶지는 않네요. 교육부의 교육정책이 망친 결과라고 생각합니다) 이제는 고등학교에서 똑똑한 학생들, 영재학교나 과학고 학생들이 이해하는 수준의 고급 advanced 고등교육 high school level 을 하고 있다는 생각이 듭니다. 말하자면 고등학교의 우열반 중 우수반에서 강의한다는 느낌이랄까요? 같은 수준의 내용을 계속해왔기에 근래 들어 점점 학생들의 이해도가 떨어져 기초적인 원리를 다시 설명하면서 강의해야 하는 경우가 종종 생깁니다. 특히, 자주 하게 되는 말이 "너희들 이거 고등학교에서 안 배웠어?" "이건 중학교에서 배우는 수준이야"라는 말을 하곤 하죠. 제가 교육자로서의 소양이 부족한 것 같다는 생각도 종종 들긴 합니다.

그렇다면 이러한 대학교육의 문제를 해결할 수 있는 방법은 무엇일까요? 그저 단순한 문제가 아니라는 건 알지만, 조 교수님께서 말씀하신 부분 중 저와 다른 생각이 있어 말씀드려봅니다.

결론부터 간단히 말씀을 드리자면, 저는 경쟁의 필요성을 당연한 것으로 받아들이고 대학의 순위도 자연스럽게 인정하면서 좋은 대학으로 살아남기 위한 대학의 노력을 대학교육에 반영하게 하자는 것입니다. 세속적인 지표로 "그 대학 졸업생들은 취직이 잘 된다", "그 대학을 졸업하면 좋은 대학원에 간다", "그 대학 교수들은 우수한 연구 실적으로 좋은 결과물이 많다"라는 지표들이 모두 대학 평가 순위에 객관적으로 잘 반영이 되어서 우수한 대학으로 자리매김하게 한다면 당연히 대학 교육의 질도 향상이 되는 것 아닐까요? 결국 어떤 대학이 우수한 대학인가를 평가하는 시스템을 우리 실정에 맞게 잘 구축해놓기만 한다면, QS Quacquarelli Symonds, 영국의 대학평가기관 같은 곳도 활용할 수 있고, 아직까지는 평가가 완벽하지는 못하지만 모든 입학 및 대학 행정을 대학 자율에 맡겨놓자는 겁니다. 그렇게 되면 학점을 줄 때 상대 평가의 폐해도 알게 되어 자연스럽게 좋은 방향으로 학점 체계 또는 학생 평가 체계가 유도되지 않을까요? 학생의 평가를 시험으로만 하는 것이 아니라 교수가 교육을 통해 자신의 철학을 가지고 학생의 수업 중 역량을 평가하게 하는 것이죠. 그러기 위해선 교수들이 교육자로서의 철학과 역량도 갖추어야 할 것이고, 대학도 이러한 교수들에게 자율성을 주고 그 결과를 믿어야 한다는 것이죠.

한 가지 대학교육에 덧붙여 말씀드리자면 제 개인적으로는 기업체의 입장에서 명문대생, 학점이 좋은 졸업생을 채용하려는 것을 탓할 수는 없다고 생각합니다. 회사는 이윤을 추구하는 것이 목표이기에 회사 입장에서는 지금까지 학벌과 학점을 평가로 삼아서 뽑은 인재들이 그나마 만족했기 때문에 그 시스템을 유지하는 것 아닐까요? 이렇게 뽑은 인재들이 더 이상 회사에 쓸모없는 사람이라고 판단이 된다면 아무리 대학교에서 이러한 졸업생들을 떠밀어도 뽑지 않을 것입니다. 대학이 졸업생들을 배출할 때 회사들이 채용하고 싶을 상품성을 입증하는 합리적인 지표를 제공해준다면 당연히 회사는 그 기준을 믿고 뽑을 것이고, 이렇게 회사에서 환영받는 졸업생을 배출하는 학교는 그 지표가 반영되어 좋은 대학교로 자리매김하게 되겠지요. 이러한 근거에 의하여 평가된 대학 순위는 저는 필요하고 바람직한 것이라고 봅니다.

6장

양자 컴퓨터가 제안하는 세상의 '환경'

조재원 최근에 저는 양자 컴퓨터 관련 책, 소개 글, 관련 강의들[7]을 읽고 공부하면서 양자 컴퓨터가 여는 세상이 '환경'과 개념적으로 많이 닮아 있다고 느낍니다.

김경웅 AI, 챗GPT라는 것이 무엇인지 따라가기도 벅찬데 양자 컴퓨터란 말을 최근에 접하면서 사실 지식이 없네요. 논의를 위해 교수님께서 쉽게 또 현실적으로 설명을 해주시면 좋겠습니다.

조재원 사실 저도 양자 컴퓨터에 대한 이해가 높지는 않습니다. 이 점을

7 책으로는 여럿 있지만 미래학자이면서 물리학자인 미치오 카쿠가 저술한 『양자 컴퓨터의 미래: 양자 컴퓨터 혁명은 세상을 어떻게 바꿀 것인가』(2023, 김영사)를 대표적으로 꼽고 싶다. 강의로는 유튜버 과학자인 '궤도'의 설명을 참고하면 도움이 된다.(CBS 김현정의 뉴스쇼, 궤도 인터뷰 중 https://www.youtube.com/watch?v=dPO1y6nhX_c&t=610s)

이해해주시고 들어주시길 먼저 부탁드립니다. 양자 역학에 기초하는 양자 컴퓨터가 현실이 되었을 때 일상에서 일어날 수 있는 일들을 상상해보면, 그건 인공지능 기술로 지금 시대 우리가 겪고 있는 것 이상일 수 있겠다는 일종의 직감 같은 게 있어요. 양자 컴퓨터 세상을 경험할 수 있는 예를 하나 들어보겠습니다.

고무줄놀이를 하는 아이 세 명이 있습니다. 두 아이는 고무줄을 양편에서 잡고 있고 한 명은 고무줄을 넘고 디디며 뛰고 있습니다. 이 세 아이들은 고무줄로 연결되어 있죠. 매 순간 고무줄이 당겨지고 풀리고 떨리는 진동을 아이들은 동시에 느낍니다. 그런데 고무줄을 잡고 있는 둘 중 한 아이가 갑자기 장난기가 발동해서 고무줄의 위치를 바꾸고 튕겼다고 가정해보죠. 그러면 열심히 고무줄을 넘던 아이는 무언가 변화를 느끼게 됩니다. 고무줄을 잡고 있는 두 아이 중 누가 그 변화를 일으켰는지 정확하게는 모르지만 짐작은 할 수 있을 겁니다. 이번에는 다른 아이가 다른 변화를 만들면 이번에도 고무줄을 뛰던 아이는 눈치 챕니다. 안대로 눈을 가리고 있다고 하더라도 고무줄의 떨림만으로 어느 쪽 아이가 어떤 행동을 했는지 어느 정도 눈치를 챌 수 있다는 거죠. 그것도 의외로 정확하게 알 수 있을지도 모릅니다.

이번에는 열 명이 들고 있는 둥글고 큰 천 위에 어떤 사람이 눈을 가리고 올라가 있다고 가정해보죠. 열 사람이 동시에 똑같이 천을 들고 내리면서 그 사람을 공중으로 날려 보냈다가 천으로 받는 움직임을 반복하다가 열 명 중 한 명이 다르게 천을 움직이면 그 사람은 그 변화를 감지할 수 있습니다. 물론 누가 어떻게 변화를 주었는지 정확하게 찾아내지는 못한다고 하더라도 말이죠. 그 변화만큼은 어렵지 않게 알아차릴 수 있습니다. 고무줄의 양편을 움직이면 양쪽에서 가운데로 힘이 전해지면서 가운데 어디쯤에서 만나 움직임이 커지기도 하고 때론 상쇄됩니다. 두 개의 파동이 만나 증폭하거나 감쇠하는 거죠. 수학은 이를 파동 방정식으로 표현합니다. 고무줄이 천이 되면 좀 더 복잡해지기는 하지만 여전히 파동 방정식으로 표현이 가능하고요.

어떤 사람이 고무줄 사이, 또는 둥근 천 위에 서 있으면서 고무줄 양 끝과 천을 잡고 있는 사람들의 움직임을 감각이 아니라 수학의 파동 방정식을 풀어 알아낼 수 있게 됩니다. 양자 컴퓨터는 세상 모든 존재가 연결되어 있다는 것을 가상세계가 아니라 현실 속에서 수학 모델을 통해 실상을 드러내 보여주게 될 겁니다. 물리적, 사회적, 경제적, 정치적 모든 영역에서 수학으로 표현 가능한 모든 현상을 우리 모두에게 실시간으로 보여줄 수 있습니다.

고무줄을 잡은 두 사람의 위치나 천을 잡고 있는 열 명에게 직접 다가가지 않더라도 파동의 떨림만으로도 그들의 움직임을 알아낼 수 있습니다. 유명한 과학 유튜버인 '궤도'가 든 예를 인용해서 조금 더 이해를 가져보았으면 합니다. 100명의 배달원이 중국음식점에서 출발했는데 그들이 들고 있는 100개의 배달 박스 각각에는 짜장면 또는 짬뽕이 들어 있습니다. 100개 중 딱 하나의 배달 박스만 열어보고는 100개의 배달 박스 각각에 든 것이 짜장면인지 짬뽕인지 알아낼 수 있습니다.

100개의 배달 박스를 연결하는 파동의 떨림을 수학적으로 큐비트Qubit 칩을 통해 계산해 단번에 파악할 수 있습니다. 당신에게 양자 컴퓨터가 들려 있고 양자 컴퓨터에는 파동 방정식을 풀 수 있는 큐비트 칩이 장착되어 있기 때문이죠.

세상의 중심에 당신이라는 존재가 있고 세상 모든 존재들과 '끈'으로 연결되어 있는데 그 끈을 통해 느껴지는 떨림을 양자 컴퓨터는 파동을 통해 파악해서 당신에게 세상 모든 존재의 지금 이 순간의 모습을 전달해주는 시대에 와 있는 겁니다. 세상에 데뷔한 지 얼마 되지 않은 AI 중심의 디지털 시대가 그새 저물고 양자 컴퓨터 시대가 성큼 다가오고 있습니다.

김경웅 아직도 알 듯 모를 듯하네요. 양자 컴퓨터 세상에 살짝 발을 담근 느낌인 것 같기는 한데 이것이 우리의 삶에 어떤 변화를 줄지는 아직 감이 잘 잡히지 않습니다. 예를 들어 요즘 구글에 키워드를 넣고 검색을 하다 보면 새롭게 'AI 개요'라는 것이 나오면서 제 질문에 근접한 답을 주더라고요. 이처럼 제가 듣기로 양자 컴퓨터는 평행우주를 얘기해준다고 하는데요, 정말 그런가요?

조재원 네, 그런 것 같습니다. 저는 양자 컴퓨터가 평행우주를 아주 간단하게 가져다준다고 믿습니다. 마치 신화 속 이야기가 현실이 될 수도 있구나 하는 그런 느낌 같달까요. 제가 경험한 예를 한 가지 들고 싶어요. 대학교 3학년 때 무언가에 이끌려 수학과 전공 과목인 '편미분 방정식'이란 과목을 수강했습니다. 선배로부터 추천받은 과목도 아니고 정말 아무런 이유 없이 수강 신청을 한 거죠. 그때 저는 수학과 학생도 아닌 공대생이 수학과 전공 과목을 듣는다는 자랑이 하고 싶은 건가 하는 생각이 들기도 했습니다. 그때부터 무려 40년이 지난 지금 평행우주란 것을, 당시 아무 이유 없이 편미분 방정식을 수강한 저를 통해 느낀다면 이해되시는지요? 지금의 제가 필요한 것을 위해, 시간 축을 무시하고 평행우주 속 대학 시절로 돌아가 편미분 방정식을 누군가 수강하게 한 거란 생각이 듭니다.

시간의 흐름 축만 없애면 일생의 모든 순간이 조건과 상황으로 바로 연결되어버리죠. '시간성' 개념은 그런 것입니다. 양자 컴퓨터를 구현하기 위해 필요한 편미분 방정식이 어떻게 쓰일지 자세히는 모르지만, 대학 시절 수강한 과목을 통해 직감 같은 것을 가지게 되었는데, 양자 컴퓨터가 세상 모든 것들이 연결되어 있다는 것을 증명하기 위해서 편미분 파동 방정식을 써야 한다고 느낍니다. 교수님께서 말씀하신 검색창 결과 역시 마찬가지입니다. AI와 미래 양자 컴퓨터 세상의 검색은 비슷한 듯 다른 점이 있습니다. AI는 유사성 논리로 빅데이터 속에서 교수님께서 검색한 질문에 해당하는 결과를 보여주지만, 양자 컴퓨터는 조건과 상황이란 변수로 인해 생기는 떨림으로 연결되는 사건을 가져다 교수님께 보여줍니다.

김경웅 양자 컴퓨터의 계산 속도가 현재 컴퓨터보다 엄청나게 빨라진다는 얘기도 있던데요. 차원이 다르다는 이야기도 들은 것 같고요. 정말 그런가요?

조재원 물론 계산 속도 면에서도 상당히 빨라진다고 하는군요. 하지만 속도의 문제보다는 다른 차원을 얘기하는 듯합니다. 컴퓨터에 들어가는 칩(큐비트 칩)도 지금의 것과는 다릅니다. 디지털 칩이 0과 1을 조합해서 모든 정보를 표현한다면 큐비트 칩은 0과 1 사이를 쉼 없이 오가며 진동하는 파동 원리를 이용합니다. 계산과 기억의 기본 단위가 디지털 컴퓨터와 아예 다릅니다. 앞에서 얘기한 모든 현실이 연결된 끈의 파동을 분석할 수 있는 능력을 가지려면 계산과 기억의 기본 단위와 방식이 달라져야 하는 거죠.

김경웅 그런데 교수님께서는 양자 컴퓨터가 보여줄 세상이 '환경'이란 개념과 닮아 있고 심지어 이름만 다를 뿐 많은 부분에서 거의 같은 것이라고 하셨는데, 배경이 무엇일지요?

조재원 '환경'을 양자 컴퓨터와 연계해서 본격적으로 얘기하기 전에 환경공학이란 전공을 먼저 다루었으면 합니다. 그래야 양자 시대 환경을 이해하는 데 도움이 될 듯해서요. 저는 대학 전공에서 환경공학이 차지하는 위치와 정체성에 대해 여전히 모호함을 갖고 있습니다. 참 부끄러운 일이죠. 환경공학에 몸담고 대학에서 교육과 연구를 하는 사람으로서 늘 그게 마음에 걸리긴 합니다. 물론 고민하면서 수많은 논의를 해왔지만 여전히 오리무중입니다. 그래서 일단 말로 정의하기 힘든 것쯤으로 해두고 넘어가는 식이죠. 그리고 '공기, 땅, 물의 오염과 정화를 다루는 공학' 정도로 합의를 한 상태입니다.

환경공학을 그런 수준으로 규정하다 보니 '환경'은 공기, 땅, 물의 범주로 국한되어버렸습니다. 그런데 다행인지 불행인지 지금까지는 환경을 공기, 땅, 물로 한정하고 환경의 오염을 막고 정화하는 학문을 환경공학으로 해도 그런대로 버틸 수 있었습니다. 문제는 디지털 시대가 오면서 상황이 급변해버렸다는 데 있습니다. 예전에는 미세먼지, 토양, 수돗물 문제가 생기면 전문가 중심으로 대상에 집중해서 처리하는 기술을 적용함으로써 문제가 해결되곤 했습니다. 그런데 지금은 이런 식의 해결이 통하지 않는 경우가 더 많습니다. 디지털 정보화 시대가 열리면서 전문가가 기술을 통해 오염물질 문제를 어느 정도 해결해도 예상치 못했던 다른 측면에서의 문제가 여지없이 발생하곤 합니다. 기술적인 부분에서도 그러하지만 기술이 아닌 미세먼지, 토양, 수돗물 오염을 둘러싼 사회, 경제, 정책 등 분야에서도 갈등과 분쟁이 발생하고 있습니다. 예전에는 오염 정화 기술로 해결되는 문제가 대부분이었다면 지금은 기술적 해결로는 어림없는 경우가 수없이 많아져버린 거죠.

이런 배경에서 환경공학은 정체성 유지에 어려움을 겪고 있습니다. 예전에는 물이 오염되는 문세가 생기면 전통적으로 물을 다뤄왔던 토목공학, 오염물질의 반응과 분리를 통해 정화하는 연구를 해온 화학공학, 미생물을 이용해 수질 정화를 연구해온 미생물학과 등에 비해 연구방법론 측면에서 뒤질 수밖에 없었습니다. 그럼에도 불구하고 모든 수처리 기술을 통합하고 융합하면서 최적의 공정을 정한다는 환경공학의 정체성을 내세우면 그나마 존재감이 생길 수가 있었습니다. 그러나 지금은 그런 전략이 통하지 않죠. 왜냐하면 디지털 시대의 인공지능이 융합과 최적화에 관해서는 엄청난 능력을 가지고 있기 때문입니다.

환경공학은 이제 기술적 특이성과 공학 연구 방법의 융합 측면 모두에서 그 정체성을 유지하기 힘들어져버렸습니다. 이러니 무전공으로 입학한 대학생들이 전공 학과를 선택할 때 환경공학을 택하지 않는 것은 당연합니다. 반응과 분리 공정을 전공하고 싶으면 화학공학과로, 대기오염을 전공하려면 대기과학과로, 미생물 관련 연구를 하려면 바이오학과로, 공학 기술의 융합과 최적화는 인공지능 관련 학과로 진학하면 되니까요.

이런 절박한 상황에서도 일부 연구비가 많은 교수들이 환경공학 전공이 아무리 힘들어도 개인 능력이 뛰어난 자신의 랩으로는 학생들이 지원한다는 위안을 갖고 각자도생의 길을 걷습니다. 물론 이를 두고 누구를 탓하고 원망할 생각은 추호도 없습니다. 대학은 끊임없이 교수 개인의 실적을 요구하는데, 상대적으로 능력 있는 교수가 그렇게 판단하는 것은 당연하기도 합니다. 그러나 영원한 것은 없고 설사 그런 식으로 유지할 수 있다고 하더라도 교수는 정년과 수명이 있으니 영원할 수는 없습니다.

빅데이터 기반의 AI가 주도하는 지금 시대만 하더라도 환경공학은 이제 힘이 빠지면서 필요성을 설득하기 힘든 전공으로 보이게 되었습니다. 실제 여러 대학에서 환경공학은 다른 전공 학과에 통합되어 겨우 명맥만 유지하거나 심지어 사라지기도 합니다. 특별한 변수가 없는 한 환경공학은 이렇게 사라질 것처럼 보입니다. AI 시대가 암울하다 못해 절망적이지만 반면에 세상은 반전을 가져다주기도 합니다. 양자 시대가 도래하고 있는 거죠. 양자 시대가 본격화한다면, 환경공학은 회생할 뿐만 아니라 여태껏 한 번도 경험하지 못한 전성기를 맞을 가능성이 매우 높다고 저는 개인적으로 믿습니다. 이유는 아주 간단한데요, 양자 컴퓨터 시대에는 세계가 지금처럼 시스템과 환경으로 명확히 나누어지지 않고 시스템 또는 환경으로 존재하는데, 시스템일지 환경일지 순간적으로 정하기가 모호해질 겁니다. 디지털 시대에는 이진법의 0과 1을 선택해야 했다면, 양자 컴퓨터 시대에는 0과 1 사이를 전자가 궤도를 돌듯 진동하면서 동시에 존재하기 때문입니다. 현실을 1, 현실을 둘러싼 배경을 0으로 디지털 시대에는 보았는데, 이는 지금 우리가 이해하고 있는 시스템과 환경의 관계와 다르지 않습니다. 하지만 양자 컴퓨터 시대에는 0과 1 사이의 선택이 명확하지 않아 시스템과 환경의 구별이 모호해지다 못해 경계가 없어져버립니다.

김경웅 환경공학을 전공한 저에게는 귀가 솔깃한 이야기이기는 한데요, 솔직히 말씀드리면 방금 말씀하신 "양자 시대가 본격화한다면 환경공학은 회생할 뿐만 아니라 여태껏 한 번도 경험하지 못한 전성기를 맞을 수 있다"라는 말씀이 전혀 실감이 나지 않습니다. 양자 시대의 환경이란 실체에 대해 일반인도 알 수 있는 예를 말씀해주시면 이해에 도움이 되겠습니다.

조재원 그럼, 기후변화 원인 물질인 이산화탄소로 양자 컴퓨터 시대의 변화를 상상해보았으면 합니다. 이산화탄소가 대기 중에 있으면 지구 평균 기온이 올라가지만, 숲 또는 바다 깊숙한 심해에 있으면 전혀 다른 존재가 됩니다. 그러니 대기 중으로 배출되는 이산화탄소는 줄이고 이산화탄소를 강제로라도 모아서 지하 또는 심해에 묻으려는 노력도 하죠. 이를 위해서 많은 국가에서는 관련 정책을 만들어 탄소 배출을 줄이는 기업에 혜택을 주고 탄소 배출이 심한 기업에는 제재를 가하기도 합니다. 국가 간 기후변화 협의체 IPCC와 다른 국제기구에서는 탄소를 배출할 수 있는 권리를 사고 팔 수 있는 탄소 거래 모델을 만들기도 합니다. 여기까지가 환경주의를 배경으로 기후재앙을 해결하는 지금 시대의 노력입니다. AI가 아무리 발달해도 이런 골격이 크게 변화할 것 같지는 않습니다.

18세기 후반에 시작된 산업혁명에서 출발해 AI 디지털 시대까지, 기후변화 재난을 극복하는 노력을 관통하는 중심축 하나를 뽑는다면 바로 돈입니다. 산업 경제성장의 목적도 돈이었고 이후 기후변화가 본격화하면서 탄소 중립을 통해 기업이 제안하고 싶어 하는 목적도 사실은 돈이라는 겁니다. 지속가능성, 순환경제 등으로 그럴듯하게 포장하지만 핵심 목적이 돈이라는 것을 부정하기 힘듭니다. 그러나 그 누구도 자신들의 목적이 돈이라고 하지는 않습니다. 산업혁명 초기에는 경제성장, 기술혁명, 자본주의 등으로, 교토협약을 거쳐 파리협정 그 이후에도 탄소 중립을 통해 기후위기를 극복한다는 명분을 내세우지, 돈이 그들 모델의 중심축이라고는 말하지 않습니다.

이제, 양자 컴퓨터 시대로 넘어가보죠. 기후변화 재앙 시대에 제시되고 있는 모든 노력의 동력은 그 무엇도 아닌 돈이라는 사실을 양자 컴퓨터는 만천하에 확연히 드러냅니다. 탄소 배출권 거래는 물론이고 탄소 중립, 재생에너지 100% 산업생태계 마련 등의 모든 비즈니스 모델과 기후위기 극복 노력의 실질적인 동력은 돈이라는 것을 기후변화와 연관된 모든 시스템의 연결된 끈으로 양자 컴퓨터는 어렵지 않게 계산해서 증명해버립니다. 한 회사의 생산 시설, 원료 수급, 공정에 사용되는 에너지, 운송, 시장, 상품 가격 정책, 신제품 계획 등 단계의 실체, 현상, 영향을 포함하는 현실 세계의 모든 관계가 나타나리란 것입니다. 수학 파동 방정식으로 표현되기만 하면 실체 그대로 실시간으로 드러납니다.

양자 컴퓨터의 위력은 여기서 그치는 게 아닙니다. 기후변화에 대응하는 노력의 효과를 개인에게도 구체적이고 직접적으로 보여줍니다. 사실 지금은 국가와 기업 단위 정도로만 탄소 배출 감소 또는 그 반대의 영향이 통계적으로 나타났지만 양자 컴퓨터는 개인의 노력까지도 국가와 기업 노력과 연계해서 어렵지 않게 계산할 수 있습니다. 지금은 뉴스 등에서 탄소 배출에 대한 국가별, 기업별 노력에 실망하다가도 정작 개인으로 돌아와 에너지 절약, 일회용 플라스틱 사용, 탄소 발자국이 다른 상품이나 음식 소비와 맞닥뜨릴 때는 특별하게 의식하기 힘듭니다. 그러나 에너지 소비, 상품 구매, 외식할 식당과 메뉴를 선택하는 순간, 한 개인의 모든 기후변화 영향 지표의 구체적이고 기업의 비즈니스 모델과 연관되는 정보가 양자 컴퓨터로부터 제공된다면 얘기는 달라집니다. 심지어 이 정보를 기반으로 개인에게 각기 다른 할인 또는 할증 가격을 제공하는 식당과 마켓이 존재할 수도 있습니다.

이런 양자 시대가 도래하면 우리가 맞이할 가장 큰 변화는 시스템과 환경의 경계가 허물어진다는 겁니다. 지금까지는 기후변화의 주범인 이산화탄소가 영향을 끼치기는 하지만 개인인 우리의 선택과 행위의 주위에 머무는 환경이었다면, 양자 시대에서는 시스템 속으로 들어온다는 겁니다. 그동안에는 쓰레기를 신경 써서 분류해 버리면 그만이었다면, 이제는 버린 후 어떻게 처리되는지에 따라 버리는 행위의 의미가 달라집니다. 현재는 물을 사용하고 하수도에 버린 후 하수도 사용료만 납부하면 그것으로 할 일이 끝나지만, 양자 컴퓨터 시대가 되면 어디로 어떻게 얼마만큼 버리느냐에 따라 물에 대한 개인의 입지가 바뀔 수도 있습니다. 버린 쓰레기의 분류, 재활용, 리사이클, 매립, 하수의 처리와 방류 등의 과정에서의 비용과 생길 수 있는 이익 등이 쓰레기와 하수를 버린 개인의 선택에 따라 각 개인에게 돌아가게 됩니다. 신경 써서 깔끔하게 씻어 버린 플라스틱 그릇을 수거하고 재활용하는 비즈니스 모델로부터 발생한 이익이 실제로 개인 통장으로 입금되어 그 과정을 자세하게 알려주는 식이죠. 지금은 버리는 사람과 처리하는 사람이 달라 쓰레기와 물이 환경으로 분류되었지만, 양자 시대에는 버리는 사람도 처리와 재활용의 과정에 관여하게 됨으로써 쓰레기와 물은 환경의 대상에서 시스템 속으로 들어오게 되는 겁니다.

김경웅 이제 조금씩 실감이 나는데요, 그런데 여기에서 두 가지 질문이

떠오릅니다. 첫 번째는 모든 비즈니스 모델과 기후위기 극복 노력의 실질적인 동력은 돈이라는 것을 기후변화와 연관된 모든 시스템의 연결된 끈으로 양자 컴퓨터는 어렵지 않게 계산해서 증명할 거라고 하셨죠? 한 회사의 생산 시설, 원료 수급, 공정에 사용되는 에너지, 운송, 시장, 상품 가격 정책, 신제품 계획 등 단계의 실체, 현상, 영향을 포함하는 현실 세계의 모든 관계가 드러날 것이라고 하셨는데요. 현재까지 이것이 드러나지 않는 것은 단순히 수학 파동 방정식으로 표현할 수 없었기 때문인가요? 아니면 우리가 단편적인 정보만 갖고 있어서일까요? 두 번째는 물, 쓰레기, 공기가 양자 시대에 그렇게 다루어진다면 소설『1984』에서와 같은 통제 사회, 디스토피아가 되는 것은 아닐까요? 신기하고 놀랍기도 하지만 한편으로는 걱정과 일종의 공포감도 밀려드네요.

조재원 교수님께서 핵심적이면서도 어려운 질문을 주셨다고 생각합니다. 제가 공부하고 이해한 한도 내에서 답을 드려보겠습니다. 양자 컴퓨터의 큰 틀은 변함이 없겠지만 세부 내용은 여전히 개발 중이라 저의 생각과 차이가 날 수 있을 겁니다. 앞에서 제가 100개의 중국음식 배달박스 예를 들었습니다. 짜장면 또는 짬뽕이 하나씩 들어 있는 배달 박스를 모두 열지 않으면 현실에서는 무엇이 들어 있는지 모르지만 양자 컴퓨터는 딱 하나의 박스만 열어도 각기 다른 집으로 배달 중인 100개 박스 속에 든 메뉴를 단번에 파악할 수 있다고 말씀드렸지요. 양자 컴퓨터가 이 어려운 문제를 짜장면-짬뽕 파동 방정식을 이용해서 푼 건데요, 이때 입력 데이터는 중국음식점에서 짜장면과 짬뽕을 만드는 데 필요한 재료, 요리하는 도구, 요리사, 배달한 주소, 그리고 문제가 주어진 시간과 장소 등의 정보입니다. 이 정보를 큐비트 칩이 장착된 양자 컴퓨터에 입력했습니다. 양자 컴퓨터는 입력 데이터를 자신이 가진 짜장면–짬뽕 파동 방정식에 대입해서 해법을 제시합니다. 양자 컴퓨터가 제시한 답과 실제 배달 박스 속 메뉴를 비교하면 물론 정확하게 일치하지 않을 수 있습니다. 양자역학이란 게 그런 것이죠. 하지만 양자 컴퓨터의 계산 능력, 입력 데이터에 따라 정답을 맞힐 확률이 높아집니다. 그럼 양자 컴퓨터가 지닌 파동 방정식은 어떤 것일까요? 파동 방정식은 개인이 생각하는 '가치'의 '질량 균형'을 다룹니다. 여기서 가치 질량이란 짜장면과 짬뽕 재료의 가치, 요리 도구의 가치, 배달 시스템의 가치, 주문한 시기, 경제상황과 연결되는 가치 등입니다. 지구상 모든 인간의 가치는 다릅니다. 또한 인간이 아닌 자연계의 가치가 있다면 그 또한 다를 겁니다. 하지만 다름만 있는 건 아니죠. 공통되어 공유하고 공감되는 부분도 있습니다. 바로 이 가치를 변수로 하여 파동 방정식을 만드는 겁니다. 짜장면–짬뽕 파동 방정식은 짜장면과 짬뽕이 갖는 가치를 재료, 요리 도구, 요리할 때 사용하는 에너지, 주문한 동네, 주문하는 소비자, 주문 날짜와 시간대 등과 연결할 수 있는 방정식이라는 거죠. 즉, 물리적이고 객관적인 자료 정보뿐 아니라 소비자의 심리, 유행 음식, 시간대별 선호도, 경제와 정치 상황 등에 따라 입력 데이터도 달라지지만 방정식의 형태로 조금씩 변할 수 있습니다. 한마디로 양자 컴퓨터는 수학과 자연과학, 심리학, 사회학, 정치, 경제학 등을 모두 아우르는 총체적인 융합 학문의 결과물이라고 할 수 있습니다.

그럼, 양자 컴퓨터가 짜장면-짬뽕 파동 방정식을 푼 결괏값은 무엇일까요? 파동 방정식이 만들어질 때 여러 가치를 변수로 삼았습니다. 그러므로 파동 방정식을 푼 답도 가치입니다. 컴퓨터 출력값인 가치를 짜장면 또는 짬뽕으로 변환해서 우리에게 보여주는 거죠. 교수님께서 정확하게 핵심을 질문해주셨듯이 양자 컴퓨터는 큐비트라는 칩을 잘 만드는 것도 중요하지만 현실 세계를 어떻게 파동 방정식으로 변환시킬 수 있는지가 더 중요할 수 있습니다.

두 번째 질문에 대해 말씀드리면, 디스토피아는 유토피아에 대비해서 만들어진 세상이라는 데 주목해야 합니다. 유토피아 없는 디스토피아는 없는 거죠. 즉 이상향을 상상해서 이루고자 했으나 실패해서 도래한 현실이 디스토피아입니다. 양자 컴퓨터를 통해 상상 가능한 양자 시대가 디스토피아가 되려면 어떤 유토피아를 전제해야 하는데, 아무리 냉정하게 살펴봐도 그런 건 없는 거죠. 저는 오히려 반대를 말하고 싶습니다. 디지털 정보 시대가 되어 개인의 거의 모든 삶이 노출되고, 자발적으로 자신의 모습을 다 보여주고 싶어 하면서 말로는 프라이버시를 존중해달라고 하는 지금의 현실이 어쩌면 가장 치명적인 디스토피아가 아닌가 합니다. 정보를 가진 자가 권력이었던 근대 사회에서 디지털 시대로 넘어오면서 모든 정보가 이미 인터넷 사용자에게 배분되었고 이루고자 했던 디지털 유토피아가 정작 인터넷 접속 사용자의 모든 정보가 역으로 노출되는 디스토피아를 만들었습니다. 부지불식간에 말이죠. 자발적으로 반납한 프라이버시를 어디서 어떻게 찾겠다고 주장하는지, 공허한 진실만을 주장하는 현대인과 마주하게 됩니다. 이런 측면에서 대중이 살아가는 동력은 정보가 아닌 세상 모든 존재가 연결되어 있다는 진실과 그 진실의 떨림이라는 실상을 양자 컴퓨터가 보여줌으로써 정보가 만든 디스토피아에서 오히려 벗어날 수 있게 된다고 봅니다.

요약하면, 디지털 사회는 중앙 통제 권력형 블랙홀이 정보를 인터넷망 속 사용자에게 노출하며 사실은 모든 정보를 빨아들이고 있지만, 양자 시대의 양자 컴퓨터는 세상 모든 존재가 연결되어 있다는 진실을 수학적으로 대중에서 제공해 중앙집중형 권력의 근간 자체를 부정합니다. 예시로 말씀하신 소설『1984』의 감시와 통제는 실은 대중이 디지털 기술을 오해함으로써 스스로 자처한 것이라는 진실을 밝히면서, 양자 컴퓨터라는 새로운 시대는 감시와 통제로부터의 초월을 이룰 것이라고 믿습니다. 자연스럽게 디지털 시대의 종말을 예고하고요. 이를 꼭 유토피아라고 하진 않지만 그렇다고 디스토피아는 아닌 거죠.

김경웅 끝으로 한 가지만 더 질문을 드리고 싶습니다. 교수님의 설명을 듣다 보니 처음 이 논의를 시작할 때로 돌아가게 되는데요, 양자 컴퓨터 시대의 환경이란 개념의 변화 말이죠. 이에 대해 조금 더 설명해주실 수 있으신지요?

조재원 저는 양자 컴퓨터 시대가 되어야 비로소 '환경'이란 개념 그리고 환경과학, 환경공학이란 학문의 쓰임새와 가치가 드러날 것이라고 믿어요. 이런 저의 가설을 증명하기 위해 민주주의를 '감히' 예로 들고 싶습니다. 모자람이 크더라도 참고 들어주시길 부탁드립니다.

왕정과 민주주의 비교해보겠습니다. 왕정은 왕이 한 명이라서 현명하고 능력 있는 왕을 가진 나라는 왕만큼 선하고 아름답고 올바르게 됩니다. 반면 왕이 폭군이면 국가도 나쁜 상황으로 갈 수밖에 없습니다. 민주주의는 다른데, 대개 다수결로 작동하기 때문에 다수가 정하면 비록 동의하지 않아도 다수의 정책이 옳다고 믿어야 합니다. 왕정과 민주주의에는 유사한 부분도 있는데, 한번 잘못되면 쉬이 바꾸기 어렵다는 겁니다. 왕인 경우 죽을 때까지 기다려야 하고 잘못 선택된 민주주의 다수결은 다음 선거까지 기다려야 하니까요. 그리고 다음 왕이 성군일지, 다음 선거에서 결정될 민주주의 다수결이 옳을지 보장하기도 힘듭니다. 왕정은 한 점이 세상을 지배하고 민주주의는 다수가 다수를 통치합니다. 그럼 민주주의의 다음 세상은 어떤 모습일까요? 왕정에서 민주주의로 건너오면서 하나의 점이 여러 점이 되었으니 이번에는 점에서 벗어나 대안을 찾아보았으면 합니다.

한 개인이 일으킨 파동으로 생긴 이익의 파동은 모든 사람에게 미칩니다. 마찬가지로 타인이 일으킨 파동으로 생긴 이익의 파동은 저를 포함한 모두에게 미칩니다. 저와 타인이 일으킨 파동의 합이 단순 합보다 클 때 저에게 반향되어 오는 몫도 커지고, 먼 곳에 있는 사람들에게도 미칩니다. 이런 개인 행동으로 생긴 이익이 타인에게로 전달되는 파동을 양자 컴퓨터에 대입해서 이해해보았으면 합니다.

개인 행위의 정보는 타인에게 소통됩니다. 한 개인에게 다른 개인의 정보가 도착하면 받을지 배제할지 결정합니다. 즉, 1 또는 0으로 분류할 수 있습니다. '0'은 받지 않아 소외시키는 '소疏'이고, '1'은 통할 '통通'입니다. 합쳐서 '소통'이 됩니다. 그런데 소통에 하나가 더 추가되는데, 받을지 받지 않을지 정하지 않은 임시정보 '0과 1 사이의 진동'입니다. 정보는 한 곳으로부터만 받고 주는 것이 아닙니다. 여러 군데로부터 동시에 일어납니다. 하나의 정보가 다른 정보와 만나 약화될지 또는 증폭되어 폭발이라도 일어날지 예상하기 힘듭니다. '0'과 '1'만 있던 디지털 시대에는 그나마 예측하기 어렵지 않았지만 '0과 1 사이의 궤도 진동'까지 고려해야 하니 결과를 예측하기 쉽지 않게 되었습니다. 하지만 쉽지 않다는 것이지 불가능한 것은 아닙니다. 디지털 기술에 양자 컴퓨터가 접목된 모습입니다.

한 개인의 모든 행위 정보는 '0', '1', '0과 1사이의 진동(떨림)'으로 표현 가능하게 되었습니다. 개인의 말, 글, 구매와 소비, 판단과 결정, 심지어 감정까지. 그리고 이를 받은 다른 개인의 반응까지 모두 데이터로 컴퓨터에 입력 가능하게 되었습니다. 컴퓨터는, 디지털 시대에는 AI, 양자 시대에는 양자 컴퓨터라고 할 수 있습니다.

정보는 4차원을 훌쩍 넘어 파동으로 퍼져나가고 그 모든 차원에서 퍼지는 정보들이 만나 생기는 결과 현상을 파동 방정식들이 설명합니다. 파동 방정식의 입력 데이터는 정보이고 출력 데이터는 가치입니다. 파동 방정식 종류에는 전기 에너지 파동 방정식, 식량 파동 방정식, 탄소 중립 파동 방정식, 에너지 정책 파동 방정식, 부동산 파동 방정식, 연금 파동 방정식, 교육 파동 방정식, 문화 파동 방정식, 음악 파동 방정식, 대중교통 파동 방정식, 쓰레기 파동 방정식, 플라스틱 파동 방정식 등 끝도 없는 파동 방정식이 세계를 해석해낼 겁니다. 또한 파동 방정식끼리는 연성되어 있습니다. 예를 들어, 일회용 플라스틱을 재활용하거나 머그컵을 사용하는 개인의 행위 정보는 플라스틱 파동 방정식과 쓰레기 파동 방정식에만 입력되는 것이 아니라 이 두 방정식과 얽히고설킨 탄소 중립 파동 방정식, 에너지 경제 파동 방정식 그리고 에너지 정책 파동 방정식과도 연계되어 방정식의 해를 구해 개인에게 파동의 결과로 전해집니다. 그리고 그런 파동의 결과는 다시 파동이 되어 결국 연금 파동 방정식과도 연동됨에 따라 개인의 미래 연금 성격과 지급 금액도 달라질 겁니다.

디지털 AI 시대까지는 민주주의 다수결 제도가 우세한 역할을 할 가능성이 높아 보입니다. 지금 사회를 보고 갖게 된 생각입니다. AI의 기반이 빅데이터이고 이는 결국 대중의 다수결과 다르지 않기 때문입니다. 그래서인지 AI는 그 어떤 컴퓨터보다 정치적이라고 하지 않던가요. 하지만 양자 시대에는 다수결 민주주의는 퇴색할 가능성이 높다고 저는 예측해봅니다. 컴퓨터는 빅데이터가 아니라 빅데이터가 되기 훨씬 전, 파편 그대로의 정보를 입력 자료로 활용하기 때문입니다. 빅데이터 필터라는 정치색이 관여할 수도 없습니다. 심지어 0과 1 사이의 진동까지 변수로 받아들입니다. 대신 개인의 정보가 얼마만큼 기여했는지를 방정식은 풀어서 개인에게 돌아갈 몫을 계산합니다.

앞에서 컴퓨터의 출력은 가치라고 했습니다. 가치는 우리의 시대, 큰 변화가 없는 한 화폐란 형태를 취할 것 같습니다. 하지만 지금의 법정화폐, 신용화폐가 아닐 가능성이 높습니다. 개인의 행위 정보라는 엄청나게 작은 파편 단위로 가치 형성의 기본 요소를 낮추었는데 형성된 가치는 지금 쓰고 있는 딱 하나뿐인 돈의 존재를 받아들이기 어렵습니다. 컴퓨터 입력 단위를 조각난 파편으로 낮춘 것은 세상 모든 생명의 움직임이 무한대로 합쳐지게 하려는 목적인데 그 결과는 '딱 하나'라는 것은 난센스입니다. 지금 예상 같아서는 입력 단위 정도로 파편화되지는 않겠지만 그 못지않게 많은 종류의 화폐가 '토큰' 형식으로 생겨날 겁니다. 지갑 속에 수백 수천 가지의 돈 토큰이 있고 쓰이는 곳도 제각각이게 될 거라는 예상이죠. 교통비 지급용, 음식용, 부동산용, 교육용, 문화 활동용 등으로 세분화된 돈 토큰이 생겨날 겁니다.

저는 하찮은 듯 보이는 아무리 작은 정보라도 놓치지 않고 모두 수집해 파동의 움직임으로 형성되는 세상의 가치를 계산하는 양자 컴퓨터 시대에 여전히 한 점 또는 하나의 축 중심의 권력 지향 다수결 민주주의가 작동할 것이라는 생각은 이상하고 받아들이기 힘듭니다. 양자 컴퓨터가 만드는 가치 결과물이 민주주의인데 굳이 우리가 민주주의를 별도로 할 이유가 무엇이겠습니까.

김경웅 양자 컴퓨터의 개척자가 쓴, "현재까지는 값비싼 실험이었던 것 같다"는 글을 읽었습니다. 그러나 지금까지는 "과거 양자 컴퓨팅이 기술 자체는 살아 있지만 아직은 미래 가능성을 보고 기다려보자"였다면 최근의 판단은 "이제는 이 기술이 필요한 시대가 곧 올 것이다"라고 생각하는 것 같습니다. 문외한인 제가 아는 양자 컴퓨터의 매력은 전통적인 컴퓨터가 1,000년 걸리는 복잡한 문제를 몇 분 안에 해결할 수 있다는 것이었습니다. 이외에도 무궁무진한 잠재력이 있을 것입니다. 양자 컴퓨터에 대한 조급한 욕구를 참아내면서 주의 깊게 관찰하여 검증된 기술을 활용하는 데 집중하는 것이 필요하다고 생각합니다. 모든 기술적 진보가 즉시 채택되어야 한다고 여기기보다는 다음 세대에게 또 다른 길을 개척하는 것을 맡겨두는 인내심도 필요합니다. 양자 컴퓨터 기술에 대한 잠재력이 환경공학의 경우와 같이 "수십 년간 미래에는 가치 있고 필요한 학문이 될 것"이라는 평가를 받아오며 머무르는 전철을 밟지 않기를 바랍니다.

조재원 네, 저도 교수님 생각에 동의합니다. 이번 논의가 그런 세상을 여는 데 도움이 되었으면 하는 마음 간절합니다.

7장

그들만의 파라다이스, 하와이

김경웅 이번 장에서는 플라스틱 폐기물을 주제로 다루어보았으면 합니다. 제가 하와이를 방문했던 경험을 다음과 같이 글로 정리해보았습니다.

2013년 이후 무려 10여 년 만에 하와이를 다시 가게 되었다. 특별히 기념할 일이 있었기에 2024년의 마지막 날, 호놀룰루로 향하는 대한항공에 몸을 실었다. 지상낙원이라고 알려진 하와이는 오아후, 마우이, 빅아일랜드, 카우아이의 4개 섬을 중심으로 하는, 미국에서 가장 작은 주 중 하나이다. 하와이가 유명한 이유는 아름다운 자연경관과 4면이 바다임에도 한국과 일본을 비롯한 동아시아나 남아시아의 습한 여름 날씨가 아닌 쾌적한 여름 날씨를 가졌기 때문이다. 또한, 해양 레저와 대도시의 쇼핑을 수준급 이상으로 즐길 수 있는 전 세계에 몇 안 되는 곳이기도 하다. 그래서인지 10년 전이나 지금이나 관광지의 물가는 가히 살인적이라고 할 수 있었다.

하와이에는 대규모의 일본 및 한국 교민 사회가 형성이 되어 있다. 오하우섬의 가장 큰 도시인 호놀룰루에만도 한인 교회 수가 40개 이상이며, 한인 식당도 어마어마하게 많다. 하와이에서 삶의 터전을 개척한 한인들의 역사는 조선 말기인 1902년에 시작된다. 인천에서 출발한 최초의 한인 이민단 121명 가운데 경유지인 일본 나가사키에서 신체검사에 합격한 102명만이 하와이행 선박 갤릭Gaelic호에 옮겨 탈 수 있었다고 한다. 이들은 인천에서 출발한 지 약 20일 만인 1903년 1월 12일, 하와이에 도착하지만 16명은 질병으로 송환 당하고 86명만 최종 상륙 허가를 받았다고 한다. 이민단 구성원들은 당시 국내의 사회 혼란과 계속되는 흉년에 굶어 죽는 사람들이 속출하는 상황에서 배고픔 때문에 이민을 선택했다고 한다. 세계 최고의 휴양지로 주목받는 하와이에서 그들의 삶은 현지 사탕수수 농장에서 고되게 일해야 하는 노예에 비유될 정도로 비참했다고 한다. 그러나 한인들은 고된 노동을 견디며 하와이에서 새로운 가정을 꾸리고 삶의 터전을 개척했으며, 강인한 정신력으로 이제는 미국 사회의 주역으로 활약하는 훌륭한 한인 후손들을 키워냈다.

10여 년 만에 다시 가본 하와이에서 작지만 의미 있는 변화를 발견할 수 있었다. 도착 후 방문한 '타깃Target' 같은 대형마트와 시내의 백화점에서는 환경 문제를 고려하여 비닐봉투 사용을 금지하고 있었다. 비닐봉투를 구매할 수 없었기에 하와이에서 쇼핑을 할 때는 장바구니를 지참하거나 가게에서 제공하는 재활용이 가능한 가방을 구매해야 했다. 몇 해 전부터 하와이주 전체의 대형 마트에서 비닐봉투를 나눠주는 것이 금지되었다고 했다. 그리고 하와이에서 가장 인구가 많은 섬인 오아후 전체를 차지하는 호놀룰루 카운티와 호놀룰루시의 일반 상점 계산대에서도 비닐봉투 사용이 금지되었다고 한다. 다른 섬들과 달리 오아후는 그때까지도 하와이주에서 유일하게 비닐봉투를 사용해왔으나 이로써 하와이 전체가 금지된 셈이다. 또한, 하와이에서는 플라스틱 일회용품 사용을 규제하고 있었다. 수년 전 하와이주의회는 식당에서 일회용 플라스틱 사용을 금지하는 법안을 채택하여 오아후섬에서 일회용 플라스틱 식기를 사용할 수 없게 되었다. 하와이에서 규제되는 일회용 플라스틱 제품은 플라스틱 빨대, 일회용 접시, 일회용 포크, 스티로폼, 비닐봉투 등으로, 지속적으로 일회용 플라스틱 사용을 규제하여 2022년부터 모든 식당에서 플라스틱 사용이 금지되었고, 2025년까지 일반 가정의 일회용품 사용도 규제할 방침이라고 한다.

그러나 하와이의 이런 의미 있는 노력에도 불구하고 미국이 세계 1위 쓰레기 대국이라는 사실은 이미 알려진 일이다. 세계 최대 경제 대국이자 1위의 군사 대국인 미국은 2019년 기준 1인당 하루 2kg 이상의 쓰레기를 배출하는 것으로 보고되었다. 이는 중국의 3배, 에티오피아의 7배로 전 세계 평균보다 3배 이상 많은 양이다. 당시 세계 인구의 4%를 차지하는 미국이 전 세계 고형 도시폐기물의 12%를 내다 버린다는 것이다. 세계 최대 쓰레기 생산국인 미국의 쓰레기 재활용 비율은 선진국 중 가장 낮다고 한다. 쓰레기 분리수거 정책을 철저하게 시행하는 한국과 싱가포르의 쓰레기 재활용 비율이 59%인 반면 미국은 그 절반 이하인 26% 정도이다.

미국 하와이와 캘리포니아 사이에 있는 북태평양 바다 위의 태평양 쓰레기 섬은 거대한 쓰레기 더미로 태평양 거대 쓰레기 지대GPGP: Great Pacific Garbage Patch라고도 불린다. 이 태평양 쓰레기 섬은 바람과 해류, 아열대 환류 등의 영향으로 쓰레기가 한 곳으로 모여 형성되었다고 한다. 남한 면적의 16배에 달하는 거대한 규모로, 1997년 최초로 발견된 이후 매년 규모가 커지고 있다. 대부분이 수십 년간 바다에 버려진 플라스틱 조각이 순환하는 해류를 따라 모인 결과로 GPGP를 이루는 쓰레기양은 8만여 톤으로 추산하고 있다. GPGP는 주변 생태계에 심각한 영향을 미치고 있는데, 미드웨이 환초에 서식하는 앨버트로스 같은 바닷새가 작은 플라스틱 조각을 먹이로 착각해 먹었다가 죽는 일이 빈번하다. 파파하나우모쿠아케아 해양국립기념물의 한 관리자는 "바닷새가 플라스틱으로 질식사하거나 장에 구멍이 난 채 죽는 일이 흔하다"라고도 전했다. 또 다른 전문가에 따르면 이곳에 쌓인 플라스틱 쓰레기 조각들 중 많은 부분이 바다 건너 일본, 중국, 한국 등에서 배출된 쓰레기라고 한다. 이러한 플라스틱 쓰레기 문제는 한 지역에 한정된 것이 아닌 세계적인 문제이기에 지구에 거주하는 모두가 플라스틱 쓰레기 사용을 줄이고 철저한 분리수거를 실천하는 등 각자가 할 수 있는 일에 책임을 갖고 노력해야 할 것이다.

조재원 교수님, 글 잘 읽었습니다. 그리고 우리 주위에서 할 수 있는 것부터 실천하는 것이 무엇보다 중요하다는 것에 전적으로 동의합니다. 지금 이 순간에도 사회에 접목될 수 있는 환경공학의 역할을 고민해야 한다고도 생각합니다. 다만, 오늘은 조금은 다른 측면에서 플라스틱 문제 해결의 방향에 대한 저의 생각과 의견을 드립니다.

수도권을 중심으로 지자체별로 투명 페트병을 자동으로 수거하는 무인회수기가 설치된 곳이 꽤 있습니다. 페트병을 무인회수기에 투입하면, AI로 포장지 제거 여부와 청결 정도를 검사한 뒤 페트병이 수거되면 등록된 아이디로 10포인트를 지급하고 일정 포인트 이상이 되면 현금으로 환전해준다고 합니다. 일반적인 분리수거보다 청결하게 회수가 가능해 재활용 효율을 높여 순환경제에 기여하는 일석이조의 효과가 있습니다. 다만 아쉽게도 투명 페트병에 한정된다고 하는군요. 일회용품을 재활용하는 다른 아이디어도 있었습니다. 팬데믹 당시 환경부에서 추진한 것인데요, 테이크아웃 한 일회용 플라스틱 용기를 카페로 가져오면 구매 시 지불한 보증금 약 300원 정도를 되돌려 받을 수 있습니다. 하지만 가맹 카페에서는 다른 카페에서 구매한 용기에 대해서도 보증금을 돌려줘야 하는 어려움 등을 호소해 실제 시행되지 못했습니다.

투명 페트병, 일회용 음료 용기 등에 대한 이런 아이디어는 분명 폐기되는 플라스틱 양을 줄이면서 플라스틱 재활용 가능성을 높이는 데 큰 기여를 할 수 있습니다. 하지만 투명 페트병 수거는 지자체의 각 구청 단위, 즉 공공기관의 가용 예산 범위 내에서 진행하는 것이고, 카페의 일회용 플라스틱 용기는 카페 이용자가 구매할 때 지불한 용기 보증금을 용기를 반납하면서 되찾아가는 방식인데요, 이것도 환경부가 나서서 가맹 카페들을 설득해 제도화를 시도했습니다. 크게 보면 두 가지 모두 공공기관에서 주도했다는 공통점이 있습니다.

공공기관이 나서서 플라스틱 폐기를 줄이고 재활용을 늘리는 것에 문제가 있다는 말은 결코 아닙니다. 다만 이런 긍정적인 움직임에 조금 더 힘을 실을 수 있는 길은 없을까 고민해보고 싶은 겁니다. 튀르키예에 근거지를 둔 플라스틱콤팩트plasticompACT.org라는 벤처기업이 있습니다. 지구에 버려진 플라스틱이 미세플라스틱이 되어 생태계를 망치기 전에 회수해서 가능한 플라스틱 재활용 순환 고리에 넣는 역할을 모든 시민이 자발적으로 하도록 돕는 아이디어가 신선합니다. 더욱이 정부, 지자체가 아닌 시민이 자체적으로 움직임을 만들 수 있다는 특징이 있습니다. 플라스틱콤팩트는 플랫폼 앱을 만들어 2025년 4월 파리에서 개최되는 〈ChangeNow 포럼〉에서 공개하기도 했습니다. 플라스틱을 가져오면 플랫폼 앱을 통해 '수거자collector'에게 '플라스티코plastico'라는 돈을 지급합니다. 플라스티코는 블록체인 기반의 전자 암호화폐입니다. 플라스틱을 수거하는 양이 많아지면 플라스티코 암호화폐는 수거자의 전자 지갑에 쌓여가겠죠. 그런데 여기에 재밌는 게임 요소가 더해집니다. 지구의 생태 환경, 플라스틱 없는 세상을 꿈꾸면서 폐플라스틱을 수거하는 수고를 해준 사람에게 자신이 가진 것을 나누고 싶어 하는 '보상자rewarder'가 있을 수 있다는 점입니다. 누구든 보상자가 될 수 있습니다. 보상자가 되고 싶은 사람은 플랫폼 앱에 들어와 가치로운 것을 제안합니다. 물론 현금 기부도 할 수 있고 카페 주인은 하루에 몇 잔의 커피를, 빵 가게 주인은 저녁 마감 시간 전 일정량의 빵을, 멀티플렉스 영화관에서는 주중 영화관람권을 내놓습니다. 플라스틱콤팩트 플랫폼은 수거자와 보상자를 플라스티코 화폐로 연결해줍니다. 현실적으로 이런 움직임이 실제로 가능하냐는 의문과 함께 질문도 많을 것으로 예상됩니다. 플라스틱을 수거해도 보상이 생각만큼 크지 않다면 원활하게 작동하겠는가? 수거한 플라스틱은 어디로 가져가야 하는가? 등의 질문이 생깁니다. 맞습니다. 물론 첫 술에 배부르지 않을 겁니다. 하지만 플라스틱콤팩트 운동의 플라스티코 화폐가 작동하기 시작하면 생겨날 가치의 순환을 상상해보았으면 합니다. 순환경제 루프 속 플라스틱 순환 이동의 정거장 역할을 하는 가게들이 생겨날 수도 있을 겁니다. 플라스틱이 순환하는 연결과 참여자들의 연대가 만드는 경제 비즈니스 모델이 생겨날 가능성도 즐거운 마음으로 상상해봅니다.

자발적인 시민 보상자가 생겨나는 게임 작동에 이은 두 번째 반전은 이와 같은 블록체인 기반 비즈니스 모델이 플라스틱에만 국한되지 않을 것이라는 점입니다. 아이디어를 구체화할 수만 있다면 물, 음식, 채소, 다양한 에너지로 얼마든지 확장될 수 있습니다. 꿈꾸는 새로운 세상이 현실이 되는 상상을 플라스틱을 통해 시작해보았으면 합니다.

8장

트럼프 2.0은 환경 대체역사소설 같다

조재원 지금껏 나눈 얘기 속에서도 여러 차례 언급했지만 '환경'이란 참 모호한 개념이란 생각이 듭니다. 알 듯하다가도 분명한 실체를 잘 드러내지 않으니까요. 그래서 환경을 흥미롭게 연구하는 게 아닌가 싶기도 합니다. 교수님과 제가 정치에 관심이 많은 교육자 또는 환경공학자는 아니지만, 환경이 워낙 정치 변화에 민감하다 보니 이번 장에서는 지금의 정세와 관련해 얘기를 나눠보았으면 합니다.

2025년 1월 20일, 연임이 아니라 독특하게도 한 번 건너뛰고 대통령으로 재취임해 2.0 시대를 연 미국 트럼프 대통령에게는 거칠 것이 없어 보입니다. 잘했든 못했든 한 번 대통령으로 정치를 펼쳐본 사람으로서 이번에는 경제 대통령 격의 일론 머스크까지 합류했으니 트럼프의 자신감은 하늘을 찌르는 듯합니다. 현재는 다른 상황이 펼쳐지고 있지만, 취임 당시만 해도, 최소한 표면적으로는 이스라엘-하마스 전쟁을 순식간에 휴전시키고 초 난제였던 우크라이나 전쟁도 종전의 신호를 만들었습니다. 비이성적인 전쟁의 원인은 지극히 비이성적인 사람만이 해결할 수 있다는 묘한 이성적인 추론이 가능한 지점인 것 같습니다. 1980년대 냉전의 끝자락에서 더 이상 거칠 것 없다는 듯 신자유주의 정책을 펼친 당시 미국 대통령 로널드 레이건미국 제40대 대통령, 1980~1989년 재임을 연상시키기도 하는데, 아이러니하게도 '대체역사소설'의 한 장면이 자꾸 떠오르네요.

1970년대 중동전쟁 결과 오일쇼크는 환경을 관심과 논의 밖으로 밀어내버렸습니다. 중동전쟁이 마무리되고 세계경제가 진정되기 시작하면서 그동안 소홀히 했던 환경을 챙길 것으로 기대했지만, 이런 기대는 여지없이 신자유주의 움직임 속에 묻혀버리고 말았고요. 코로나 팬데믹이 인류 생존의 문제로 워낙 위중했으니 환경은 아무래도 뒷전일 수밖에 없었겠죠. 팬데믹이 종식되고 이제 환경을 챙겨야 할 것 같았지만 트럼프 2.0 시대는 오히려 파리협정 파기를 일방적인 행정 명령으로 선언했습니다.

아시겠지만, 대체역사소설은 역사의 중요한 시점에서 실제 역사와는 다른 일이 발생했다면 그 이후 역사는 지금과 어떻게 달랐을까 상상해보는 SF 장르의 한 범주입니다. 안중근 의사에 의해 이토 히로부미가 암살되지 않았다면, 영국의 엘리자베스 여왕이 만약 살해되었다면 등으로 상상한 복거일 작가의 『비명을 찾아서』와 키스 로버츠의 『파반』과 같은 SF 소설이 대표적인 예입니다. 트럼프 2.0 시대는 대체역사소설처럼 도저히 일어날 것 같이 않은 일이 현실이 되는 것을 인류가 경험하고 있는, 마치 소설 속 가상세계 같습니다.

이제, 소설의 첫 페이지를 넘겨보죠. "세상이 왜 그렇게 되었는지 아무도 알 수 없었다. 무슨 일이 미국 국민들에게 벌어졌는지는 잘 모르지만 2025년 그들은 트럼프를 미국의 대통령으로 또다시 택했다. 그리고 디스토피아인지 또는 아포칼립스 세상인지 모를 일이 다가오고 있었다." 이런 대체역사소설이 쓰이고 있다는 느낌을 지울 수 없습니다.

SF 소설 장르에서 정의하는 디스토피아 분류는 한 가지 전제 조건이 있습니다. 유토피아를 추구하다 실패했을 때 도래하는 세계를 디스토피아라고 합니다. 무언가 잘 해보려고 하다가 실패해서 또는 부작용 때문에 발생한 재앙을 말하죠. 만약 인공지능 같은 첨단 과학기술을 통해 신약 개발을 하다가 부작용으로 인해 인류에게 치명적인 문제가 발생하거나, 기후위기를 극복하는 기술을 만들어 적용하다 오히려 더한 재난을 맞게 된다면 디스토피아라고 할 수 있습니다. 의도했던 것과 같이 인류의 여러 난치병을 치료하는 신약이 개발되고 기후위기를 극복할 획기적인 기술이 개발되었다면 유토피아였겠지만, 그러지 못해 오히려 새로운 기술을 시도하지 않은 것만 못하게 되었을 때를 말합니다. 아포칼립스는 특별하게 유토피아를 시도한 적이 없이 자연스럽게 종말에 가까운 세계가 도래하는 것을 말합니다. 트럼프 2.0은 미국 최우선 정책을 펴고 있기 때문에 만약 실패해서 재앙에 가까운 환경 재난이 찾아온다면 미국에는 디스토피아, 미국을 제외한 다른 나라들에게는 아포칼립스가 된다고 볼 수 있습니다.

우리나라의 경우는 다음과 같이 생각해볼 수 있습니다. 만약 트럼프 2.0 시대의 정책에 발맞춘다면 미국과 마찬가지로 유토피아 또는 디스토피아를 맞게 될 것이고, 거리를 두면서 트럼프 2.0과는 다른 경제와 환경 정책을 만들고 노력해 나름 성공하면 환경을 지킴과 동시에 새로운 환경을 발견하게 될 것이며, 실패한다면 아포칼립스를 맞게 된다고 예측을 할 수 있겠습니다.

김경웅 트럼프 2.0 시대를 맞아 나름의 여러 생각이 들었는데, 이를 대체역사소설에 자주 등장하는 디스토피아와 아포칼립스로 구분해 의견 주셨네요. 늘 신선한 시각과 문제 제기에 감사합니다. 그런데 현실로 돌아와서, 미국과 중국에 비하면 상대적으로 경제 규모가 작고 대미 수출에 의존해야 하는 한국이 과연 트럼프 2.0시대와 거리를 두면서 환경 정책을 만들고 실천하는 것이 가능할지요?

조재원 맞습니다. 저도 가능성이 낮다고 보기 때문에 트럼프 2.0 시대의 한국 경제와 '환경'은 어둡다고 예상합니다. 바이든 정부 때 미국에서 출발한 ESG환경, 사회, 지배 구조 관련 시도들이 큰 위기를 맞을 것이 또한 거의 확실해 보입니다. 동의하든 않든 간에 그래도 매년 공시해온 기업의 ESG 보고서도 그 동력을 잃을 가능성이 높아 보입니다. 바이든 정부 시절에는 ESG 표준을 맞추지 못하면 유럽과 미국 시장 진입이 힘들어질 수밖에 없었기에 자의든 타의든 ESG 실천을 해왔습니다. 그런데 만약 미국의 애플, 구글 등과 같은 빅테크 회사들이 ESG에 신경 쓰지 않는다면 유럽연합과 한국의 대기업들도 가격 경쟁력 때문에

“

우리나라의 경우는 다음과 같이 생각해볼 수 있습니다.
만약 트럼프 2.0 시대의 정책에 발맞춘다면 미국과 마찬가지로
유토피아 또는 디스토피아를 맞게 될 것이고,
거리를 두면서 트럼프 2.0과는 다른 경제와 환경 정책을
만들고 노력해 나름 성공하면 환경을 지킴과 동시에
새로운 환경을 발견하게 될 것이며, 실패한다면 아포칼립스를
맞게 된다고 예측을 할 수 있겠습니다.

”

라도 트럼프 2.0 시대에는 미국 빅테크와 비슷한 기조를 가져갈 가능성이 매우 높다고 예상합니다.

그런데 미국 이외 국가들이 중심을 잡아야 하는 배경이 바로 여기에 있다고 저는 생각합니다. 트럼프 2.0 정책들이 ESG와는 달리 전 지구적인 경제와 환경 윤리를 근간으로 하지 않는다는 점입니다. 오직 미국만을 위한 것입니다. 즉, 한국과 같은 나라들은 트럼프 2.0 정책들에 잘 적응해 버텨내면 본전이고 그러지 않으면 경제적 치명상을 입게 됩니다. 그런데 환경 측면에서는 경제와는 다르게 어떤 경우가 오더라도 파경을 피하기 어렵게 되어버렸습니다.

대안이 없지 않느냐고 하고는, 피할 수 없다면 견디자는 생각으로 트럼프 2.0 코드에 맞추자는 한국의 경제 정책이 만들어질 가능성이 높아 보입니다. 만약 탄핵이 인용되고 어떤 정부가 들어서더라도[8] 크게 다르지 않아 보입니다. 대안을 중국에서 찾아야 한다는 생각을 할 수도 있지만 전체주의적 자본주의를 앞세운 경제성장 정책을 펴는 중국과 절대적 동반자가 되는 것 또한 그렇게 전망이 밝아 보이지는 않습니다.

저는 '대안이 없지 않느냐'라는 생각을 깨는 것에서 대안이 만들어질 수 있다고 생각합니다. 경제 전문가는 아니지만 그렇기 때문에 오

8 김경웅 교수님과 토의할 당시의 문장이다. 이후 탄핵은 인용되고 새로운 정부가 들어섰지만 김경웅 교수님과 토론한 당시의 분위기를 이어가기 위해 당시 글을 그대로 두었다. 이렇게 두더라도 토론하고자 했던 맥락은 바뀌지 않는다.

히려 무모하지만 새로운 생각을 가질 수 있는 게 아닐까 합니다. 트럼프 2.0 시대이기 때문에 오히려 더 시도할 배경이 생긴 거죠. 한국은 유럽연합, 아시아 국가, 아프리카 국가들과 함께 새로운 세상을 시도해야 한다고 믿습니다. 왜냐고요? 답은 간단합니다. 트럼프 2.0으로 무장한 미국을 제외한 전 세계 다른 국가들은 잘해야 본전, 못하면 아포칼립스 세상을 맞게 되는데 못할 게 뭐가 있냐는 거죠. 때마침 인공지능, 일반인공지능AGI이 지금과는 다른 경제 구조를 생각하게 하고 블록체인 화폐도 이를 뒷받침할 가능성이 분명히 있습니다. 또한 아직 기술이 현실화되는 데 시간이 걸리겠지만 이미 토론한 양자 컴퓨터 시대도 조금씩, 그러나 분명히 다가오고 있습니다. 또한 미국 내에도 트럼프 2.0과는 다른 믿음을 가진 대중과 기업이 존재합니다. 즉, 새로운 경제 질서와 환경 윤리를 마련할 수도 있는 중대한 기로에 서 있다고 생각합니다. 용기가 필요한 시기입니다. 오랜 시간이 지나 만약 우리가 용기를 낸 결과 지금과는 다른 세상이 열릴 수 있다면 2025년 트럼프가 대통령이 된 것을 오히려 감사할 수 있는 대체 역사가 지금 쓰이고 있는지도 모릅니다. 그런 희망을 가져봅니다.

김경웅 과연 트럼프 대통령이 어떤 일을 벌일지 하루하루가 조마조마한 상황이 계속되고 있습니다. 특히, 트럼프 대통령은 취임 후 3월 5일에 가진 첫 의회 연설에서 미국의 황금기를 선언하며 경제적·군사적 우위를 거듭 강조했습니다. 특별히, 두 번이나 콕 집어서 한국을 언급한 점에 주목해야 한다는 생각이 듭니다.

트럼프 대통령은 이날 연설에서 삼성전자와 SK하이닉스 등 미국에 투자하는 반도체 기업에 대한 보조금 지급 등을 골자로 한 미국의 반도체 지원법을 없애고 관련 지원금을 미국의 부채를 줄이는 데 사용해야 한다고 주장했습니다. 트럼프 행정부가 한미 양국이 FTA를 체결했음에도 반도체에 관세를 부과할 가능성을 고려해야 합니다. 이전의 약속들을 언제든지 파기할 수 있음을 보여주는 대목입니다. 사실 삼성전자와 SK하이닉스가 미국에 약속한 수십억 달러의 투자는 반도체 지원법에 기반하고 있으며, 이 보조금이 없다면 미국인을 위한 수천 개의 고임금 일자리를 창출하는 그런 대규모 투자도 이뤄지지 않았을 것이지요. 트럼프 대통령은 보조금 제도를 좋아하지 않는다고 하지만 일본과 한국이 참여를 고려하고 있다고 언급한 알래스카 에너지 파이프라인 사업 같은 경우도 막대한 비용이 들기 때문에 세금 혜택과 보조금이 없다면 이러한 대규모 사업에 투자를 유치하기는 어려울 것입니다.

특히, 트럼프 대통령은 미국 조선업의 부활을 원하면서 여러 차례 한국이 중요한 역할을 할 수 있다고 강조했지만, 반도체 지원법의 사례를 지켜본 한국의 조선업체는 사업의 확실성을 원할 것입니다. 트럼프 대통령은 미국의 황금기에 필요한 점으로 경제적·군사적 우위를 거듭 강조했습니다. 특히, 상선과 군함 건조를 포함한 미국 조선 산업을 부활시키겠다며 조선업을 미국으로 가져오기 위해 특별 세제 혜택을 제공하겠다고 언급했습니다. 미국 국방부 관계자는 중국 침략 억제를 우선적으로 해야 한다고 강조하면서 이를 위해 서태평양에 배치할 더 많은 선박과 항공기, 탄약을 필요로 한다고 했습니다. 미국인을 위한 일자리 창출뿐 아니라 중국의 침략을 억제하기 위해 강력한 해군을 구축할 수 있는 조선 능력이 필요하다고 본 거지요. 그러면서 한국 기업들이 미국에서 구축함을 생산할 수 있는 조선소를 소유 · 운영할 수도 있고, 미 해군이 한국에서 생산된 유류 보급선, 유조선, 화물선 등의 비전투 수상함을 구매하는 것도 가능하다고 말했습니다. 상황이 이러하기에 누구도 넘볼 수 없는 초일류 기술을 보유하는 것만이 트럼프 2.0 시대에서 우리가 살아남을 수 있는 길이 아닐까요?[9]

9 김경웅 교수님의 의견에 대한 담론이 이어져야 했으나 필자의 사정으로 이어지지 못했음을 밝힌다.

9장

지구 그리고 클래식 음악

김경웅 교수님은 제가 음악, 특히 클래식 음악에 관심이 있다는 것을 아시죠? 이번에는 클래식 음악을 가져와 지구와 환경으로 연결해보고자 합니다.

제가 즐겨 듣는 클래식 음악 방송 코너 중에 '음악 그리고…'라는 것이 있습니다. 이 코너에서는 어떤 사물을 지정하여 음악과 관련된 이야기를 소개합니다. 음악이 예술, 사회, 그리고 일상과 어떻게 연결되는지를 탐구하는 시간으로, 클래식 음악을 단순한 감상 대상으로 한정 짓지 않고, 음악이 우리 삶에 미치는 다양한 영향을 살펴볼 수 있습니다. 새롭고 흥미로운 사실을 많이 알게 되는 코너이지요. 우리가 다소 무거운 주제에 대해 이야기를 나누고 있기 때문에 이번에는 조금 가볍게 '지구'라는 키워드로부터 떠오르는 자연과 연결된 클래식 음악을 생각해보겠습니다. 클래식 음악이 과거로부터 우리 삶에 어떠한 영향을 주어왔는지에 대해 평소 생각하던 것을 가볍게 써보려고 합니다. 그냥 좀 쉬어가는 코너라고 여기고 읽어주시기 바랍니다.

클래식 음악을 즐겨 듣는 필자는 평소에 지구, 환경, 기후위기 등과 관련된 클래식 음악이 뭐가 있을까를 생각하곤 했다. 그러다가 꽤 오래 전에 들었던 〈왕벌의 비행〉을 제일 먼저 떠올리게 되었다. 이 곡은 러시아 작곡가 림스키 코르사코프Rimsky-Korsakov, 1844~1908의 오페라 〈술탄 황제의 이야기〉 제2장 1막에서 벌 떼의 습격을 받는 백조의 모습을, 피아노를 비롯한 다양한 악기의 독주로 표현한 곡이다. 특별히, 막심 므라비차가 연주한 〈왕벌의 비행〉은 원곡의 빠른 속도를 늦추고 대중적으로 만들기 위해 드럼으로 비트를 추가하였으며, 이를 통해 관객으로 하여금 마치 눈앞에서 왕벌이 비행하는 듯한 느낌을 받도록 하였다. 기후위기로 벌들의 개체수가 감소하고, 이것을 지구 멸망의 징조라고 말하는 이들도 있기에 이 곡을 작곡할 당시에 작곡가는 미래에 벌어질 이런 일을 상상이라도 해보았을까 싶다.

아마도 많은 클래식 애호가들은 자연을 소재로 한 클래식 작품으로 멘델스존Felix Mendelssohn, 1809~1847의 〈핑갈의 동굴〉, 본 윌리엄스의 〈종달새의 비상〉과 베토벤의 교향곡 6번 〈전원〉도 떠올릴 것이다. 멘델스존은 작품 활동 이외에도 요한 세바스찬 바흐 음악의 진가를 세상에 다시 알리는 역할도 했다고 하는데, 여러 나라로 연주 여행을 다니며 음악을 만들었다고 한다. 특히 영국에서는 영국 왕의 환영과 국민들에게 큰 사랑을 받은 것으로 전해진다. 특히 그는 여행을 하면서 느낀 점을 풍경화를 그리듯 오선지에 음악으로 옮겨놓았는데, 스코틀랜드를 여행

할 때 본 신비로운 동굴을 보고 만든 음악이 바로 〈핑갈의 동굴〉이다. 핑갈의 동굴은 스코틀랜드 북서쪽 연안의 헤브리디스 제도에 속한 스테퍼섬에 있는 동굴로서, 핑갈Fingal이라는 명칭은 스코틀랜드 전설에 등장하는 영웅의 이름에서 따왔다고 한다. 바그너는 이 곡을 듣고서 멘델스존을 '일류의 풍경화가'라고 칭찬했다고도 하니, 그만큼 이 곡은 멘델스존의 절묘한 작곡 기법이 가장 잘 발휘된 작품이라 할 수 있을 것이다.

자연의 대상을 있는 그대로의 음악으로 표현하고자 했던 인상주의 음악가 드뷔시Claud Debussy, 1862~1918에 대한 언급도 빼놓을 수는 없을 것이다. 미술에서 시작된 인상주의는 음악에도 한 획을 긋는 중요한 역사를 만들었는데, 드뷔시는 인상주의 미술의 아름다움에 매료되어 미술에서 느꼈던 감동을 음악으로 표현하기 시작하였다고 한다. 한편, 드뷔시처럼 인상주의 음악가로 분류되지만 다른 면이 있었던 라벨Maurice Ravel, 1875~1937은 드뷔시의 음악에서 한 걸음 더 나아가 대상에 대해 보다 깊은 의미를 부여하고자 했다. 드뷔시가 달빛이나 물, 나무 등 주로 자연의 대상을 단편적으로 표현하고 그려내는 음악을 했다면 라벨의 음악은 구조적으로 보수적이라 평가를 받는데, 필자에게는 이지적이고 음색이 차가운 느낌이다. 이렇듯 100여 년 전까지 있었던 작곡가들이 만든 클래식 음악은 아름다운 자연을 묘사하거나 자연의 대상을 표현하는 것이었다. 그들은 아름다운 지구의 위기나 종말이라는 것은 상상하지도 못했을 것이다.

그렇다고 세상의 종말을 경고하는 음악이 없었던 것은 아니다. 이를 경고하는 그레고리안 성가Gregorian Chant인 〈진노의 날Dies Irae(Day of Wrath)〉은 죄의 심판으로 죽은 자를 가엾이 여겨달라고 청하는 내용의 가사를 담고 있다. 이 작품은 죽음과 심판에 대한 중세 시대를 대표하는 음악으로 많은 작곡가에게 영감을 주었다고 하는데, 이 모티프를 인용한 작곡가로는 모차르트, 베르디, 베를리오즈, 리스트 등이 있다고 한다. 베를리오즈의 〈환상교향곡〉에 등장하는 〈진노의 날〉에서는 직접적으로 원곡을 차용하여 심판의 종을 울리고 금관악기가 원곡의 멜로디를 연주한다. 우리에게 익숙한 〈진노의 날〉은 죽음에 대한 내용을 강렬한 음악으로 표현한 모차르트의 레퀴엠 중에 나오며 이 곡은 영화 〈아마데우스〉에도 등장한다. "진노의 날, 슬픔의 날. 모든 만물 재가 되리라"라는 가사가 나오는 베르디 레퀴엠 중의 〈진노의 날〉이 가장 널리 알려져 있고, 클래식 애호가가 아니더라도 광고 음악으로 한 번쯤 들어봤을 것이다.

이렇듯 과거의 인류에 대한 경고는 종교적인 심판이 주를 이루는 경고의 메시지였다. 그러나 아마도 현재의 우리에게 위협으로 다가오는 가장 큰 지구에 대한 경고는 기후위기에 의한 지구 멸망 시나리오일 것이다. 지구 온난화로 머지않아 비발디의 〈사계〉가 무엇인지를 모르는 세대가 나타날 수도 있고, 지구의 아름다움을 묘사하는 음악에 전혀 공감하지 못하는 시대가 올 수도 있다는 공포심이 느껴진다.

조재원 '지구 그리고 클래식 음악'이란 제목의 글 흥미롭게 잘 읽었습니다. 교수님께서 음악에 대해 조예가 깊으신 줄은 알았지만 이처럼 세밀

하고 전문성을 갖고 계신 줄은 이번에 다시 알게 됐습니다. 교수님의 말씀에 많은 부분 공감합니다. 무엇보다 음악을 자주 듣지 않고 가끔 영화 음악을 듣는 저로서는 클래식 음악이 제목과 기가 막히게 어울린다는 생각을 하게 됩니다. 영화 음악도 해당 영화의 특정 대상과 주제를 절묘하게 잘 표현했다고 감탄하게 되는 경우가 있습니다. 그런데 최근 알게 된 음악 이론이 저에게는 신선해서 오늘 교수님께 질문을 드리고자 합니다. 환경과 음악을 연결하는 시도를 한다는 점에서 의미가 있어 보여서요. 다름 아닌 음악의 형식주의 해석입니다.

형식주의 음악은 음악평론가 에두아르트 한슬리크와 작곡자이자 철학자 레너드 마이어와 같은 분들에 의해 소개되고 주장되었다고 알고 있습니다. 이분들의 사상을 깊이 이해하고 있지 않지만 제가 알기로는 음악의 의미는 음악의 외부에 있는 것이 아니라 음악의 내부에 있다고 믿은 듯합니다. 멘델스존의 〈핑갈의 동굴〉, 본 윌리엄스의 〈종달새의 비상〉, 베토벤의 〈전원〉을 예로 들면, 표제가 정해지면 감상자는 아무래도 음악의 주제와 감상 포인트가 작곡가에 의해 이미 정해진 느낌을 피할 수 없다는 거죠. 음악을 들으면서 어느 부분이 동굴일까, 종달새가 언제 높이 날아 올라가는 걸까, 전원을 그려봐야지 하고 생각하게 되는 듯합니다. 반면 형식주의로 음악을 이해하면 음계의 배열, 패턴의 반복, 빠름과 느림의 조합 등 음악이 지닌 고유한 내적 성질에만 집중하게 되고, 바로 그 음악 자체가 음악의 중요한 의미라고 보는 거죠. 표제음악과는 달리 교향곡 몇 번 몇 악장, 이런 식으로 제목을 정하면 음악 연주를 듣는 사람은 오직 음악에만 집중하게 되는 거죠.

제가 왜 형식주의 음악을 들고 와서 교수님께 질문을 드리느냐 하면요, 기후위기 시대를 살고 있는 우리에게 환경이라는 것이 꼭 음악 같아서입니다. 환경 전문가 또는 권위 있는 조직이나 정부기관 등에서 환경에 대해 규정하고 법칙 같은 것을 정해 그럴듯한 이름을 붙여 정책으로 내놓으면 일반인은 그 범위 내에서만 환경을 이해하고 관련 실천을 하게 된다는 거죠. 혼란을 피할 수 있는 방향을 잡아주는 효과는 있지만 제시된 방향 외에는 눈을 돌려 자유롭게 판단하기 어려워질 수 있습니다. 음악에 문외한인 저에게는 표제음악이 꼭 지금 국가 중심의 환경 해석 같아서요. 교수님 생각은 어떠신지 궁금합니다.

김경웅 교수님이 언급하신 것에 대해 저의 생각을 간단히 덧붙이고자 합니다. 먼저 클래식 음악에 붙여진 부제에 관한 것입니다. 대부분 부제에는 특별한 의미가 없이 주로 악보업자나 후대의 사람들이 기억하기 쉽도록 붙인 것이라고 합니다. 대부분의 작곡가들은 이러한 부제를 매우 부담스러워했다고 합니다. 교수님께서 염려하신 대로 정해진 느낌을 줄 수 있기 때문이겠죠. 특별히 쇼팽의 〈전주곡집 Prelude〉 중 연습곡(에튀드)에는 수많은 별명이 붙어 있는데, '혁건', '이별의 곡', '혁명' 등이 그것입니다. 쇼팽의 섬세하고 표현적인 피아노 음악에 붙은 이 모든 별칭은 사실 후세 사람들이 임의로 지어낸 것으로, 쇼팽 자신은 작품을 발표할 때마다 곧바로 붙어버리는 별명들에 특히나 부담스러워했다고 합니다. 클래식 음악의 입문 단계라면 '부제' 덕분에 그 음악의 전체적인 인상과 특징을 빠르게 기억할 수 있고 상상의 나래를 펴는 데 도움이 되겠지만, 교수님께서 언급하셨듯이 부제로 굳어진 인상이 계속

되다 보면 작품의 무한한 가능성을 쉽사리 한정 짓게 될 것입니다. 따라서 결국에는 감상자 스스로 작품을 마음으로 받아들이고 주체적으로 이해하는 자세가 가장 바람직하다고 보겠습니다.

다음은 형식주의에 대한 저의 생각입니다. 제가 전문가가 아니기에 간단하게 예를 들어 "소나타를 설명할 때 제시부–전개부–재현부 같은 단어를 꼭 써야 하나요?"라는 질문을 놓고 제 의견을 드리자면, 이와 같은 소나타 형식은 음악 전개의 자연스러운 방식이기 때문이겠죠. 동요나 트로트도 제시–변형–재현을 사용하니까요. 말을 할 때도 하려는 말의 주제를 먼저 꺼낸 뒤, 그 이유나 정황을 설명하고, 다시 한번 주제를 강조한다면 훨씬 조리 있게 들리잖아요. 소설·영화 등의 스토리 역시 그렇죠. 특별히, 17세기 이후는 소나타의 전성시대로 작곡가들은 이 형식의 매력에 빠져들었고, 음악가로는 하이든, 모차르트, 베토벤 등이 대표적입니다. 오케스트라가 연주하는 교향곡, 오페라의 오프닝을 알리는 서곡, 현악기 네 대의 앙상블인 현악 4중주 등도 소나타 형식으로 이루어졌다고 합니다. 소나타 형식이란 1악장은 빠르고, 2악장에서 느려졌다가, 3악장에서 다시 빨라지는 게 기본 특징입니다. 이처럼 대비를 골자로 하는 소나타란 사람의 감정을 쥐었다 풀었다 하는 기술이 아닐까요? 이러한 음악 형식이 정립된 데는 이유가 있을 거라 생각하면서 아마도 이는 우리가 이미 알고 있는 대화의 공식, 사는 방식과도 크게 다르지 않은 것 같습니다.

10장

인공지능 윤리

조재원 교수님께서도 경험하신 적이 있으리라 보는데, 대학에서 수업을 진행하다 보면 학생들이 챗GPT 같은 생성형 인공지능AI으로 프로젝트 보고서와 연구 논문을 작성했는지 아닌지 판단하기 힘들 때가 있습니다. 울산과학기술원UNIST에서 '과학 인문학'이란 학부 과목을 수업했을 때 일어난 일인데요, 한 학생이 같은 수업을 듣는 다른 학생이 AI로 보고서를 작성해 제출해서 자신과 같은 점수를 받았다고 항의를 한 적이 있었습니다. 그래서 오늘은 교수님과 인공지능 윤리에 대해 말씀을 나눠보고 싶습니다. 학생들이 AI를 활용하는 분야로는 작성한 글에 대한 교정과 번역, 아이디어 생성, 본문 작성 등이 있는데요, 교정과 번역 정도는 허락할 수 있지만 나머지는 곤란하다는 사람도 있고, 아이디어 생성까지는 괜찮다는 사람도 있습니다. 하지만 본문 작성까지 AI에 맡기는 것은 아무래도 윤리적 문제가 있다고 하는 사람이 다수인 듯합니다. 교수님께 여쭙기 전에 제 의견을 먼저 드립니다.

전 개인적으로 대학 수업뿐만 아니라 연구 분야에서도 학생, 교수 모두가 AI 활용에 자유로웠으면 합니다. 일체의 구속이 없어져야 한다고 생각합니다. 만약 저작권 등의 법적인 문제가 생길 가능성이 있다면 생성형 AI 개발 단계에서부터 법적 문제가 생기지 않는 결과를 내놓도록 하는 의무를 AI 제공 빅테크에 지웠으면 합니다. 그렇게 생각하는 데는 제 나름의 배경이 있습니다. 1811~1812년 영국에서 일어난 일입니다. 자동화 기계가 도입돼 노동자들이 대규모로 해고당했을 때 해고 노동자들이 기계를 때려 부수는 '러다이트 운동Luddite Movement'이 있었죠. 하지만 그 이후의 결과를 우린 잘 알고 있습니다. 인공지능 분야도 결국 그렇게 될 것이 자명하다는 겁니다. 도도한 흐름을 방파제 몇 개로 막기는 힘듭니다. 그리고 사회에서 일어날 모든 일들을 모험적으로 시도할 책무가 있는 대학이 AI 활용 가이드라인을 제공해 학생들의 활용에 여러 제약을 가하는 것은 옳지 않다고 봅니다. 교수님 생각이 궁금합니다. 챗GPT와 같은 생성형 인공지능을 사용하지 않는 제가 이런 의견을 드려 아이러니하지만 말이죠.

김경웅 요즘 최대 화두인 인공지능을 토론 주제로 제안해주셔서 감사합니다. 사실 저는 개인적으로는 생성형 AI의 활용을 제약하고 싶은 것이 솔직한 심정입니다. 학생들이 고민하고 문제 해결을 위하여 노력하는 데 과거보다 시간을 쓰지 않을 것 같기 때문이죠. 그러나 현실은 그리 만만하지 않은 것 같습니다. 구글로 검색만 해도 그냥 자연스럽게 AI를 활용한 검색 결과를 기반으로 한 개요를 바로 제공해주기에 이러한 유혹을 이겨내기는 어려울 것 같네요. 그렇다고 학생들의 모든 리포트를

다 검색해보는 것도 불가능한 일이겠지요. 사실 저희가 검색을 통해 찾아내는 것도 불가능한 일이라고 생각됩니다. 학생들을 지도하는 교수로서 우리가 해야 할 일은 이러한 자료를 바탕으로 학생들이 자신이 고민한 결과를 리포트에 담을 수 있도록 주제를 정해주고 그러한 방향으로 안내하는 것이겠죠. 그러나 이게 그리 간단하지 않더라고요. 예전에는 학생들이 다른 학생의 보고서 파일에 들어가서 약간의 편집 후 제출하는 것을 방지하기 위해 'hand-writing'으로만 보고서를 제출하게 한 적도 있습니다. 결국은 리포트의 주제 자체를 생성형 AI에서 검색이 불가능한 것으로 제시해야 할 것 같습니다. 이것이 어렵다면 학생들이 검색한 내용을 자기 아이디어를 첨가해 발표 자료로 만들어 발표하도록 하는 것도 한 방법이 아닐까 하는데요. 교수님은 어떤 아이디어가 있으세요? 생성형 AI를 활용하더라도 학생들이 고민한 결과를 포함하여 제출하게 만드는 방법이요.

조재원 교수님의 고민에 전적으로 공감하고 교육자로서 엄청난 한계 또한 느낍니다. 조금 전에 말씀드렸듯이 울산과학기술원의 '과학 인문학'이라는 수업에서 자신의 리포트가 인공지능으로 작성한 다른 학생의 리포트와 같은 평가 점수를 받은 것에 항의하는 학생이 있었습니다. 저는 리포트에서 요구하는 아이디어의 특이성을 두 리포트 모두 제시하지 못했기 때문에 높지 않은 같은 점수를 주었다고 설명했고, 실제로 그런 것이었지만 당혹스러운 경험이었습니다.

저뿐만이 아니라 대학 수업에서 인공지능과 관련된 적지 않은 혼란이 있고, 현재로서는 각 수업의 담당 교수가 재량껏 인공지능 활용 가

이드라인을 학생들에게 제시할 수밖에 없다고 하더군요. 서울대학교 신지은 교수가 제15회 공학윤리교육워크숍(2025년 5월 30일)에서 설문조사 중심의 학내 인공지능 윤리 연구 결과를 발표하면서 제안한 내용입니다. 동의를 하면서도 이런 생각을 해봅니다. 교수님의 질문에 대한 답이 될 수도 있을 듯해서요. 저는 대학 수업은 결국 졸업 후에 사회로 나가는 학생들이 미리 학문 연구, 프로젝트 수행과 소통을 자유롭게 하는 곳인데 사회 현실과 달라도 괜찮을까 하는 걱정이 듭니다. 현재 사회에서는 암 치료제와 백신 개발, 대체 에너지원 개발, 물 부족 해결을 위한 초저 에너지만으로도 가능한 해수담수기술 개발, 우주 개발 등에서 인공지능은 필수적으로 이용되고 있습니다. 그런데 대학 수업과 연구에서 인공지능 활용에 대한 규제가 있다면 그러지 않아도 대학교육이 여러 측면에서 비판받고 있는 상황에서 현실 인식이 부족하다는 비난을 피하기 어려울 듯합니다.

1989년 www로 시작한 디지털 시대는 약 10년 단위로 큰 변화를 겪고 있습니다. 1998년경 검색엔진 시작, 2008년 빅데이터 개념의 소개와 이에 기반한 구글 비즈니스 모델 출현, 2016년 바둑에서 이세돌 9단을 누른 인공지능 알파고의 딥러닝, 그리고 2022년 오픈AI의 챗GPT 출시가 이루어졌습니다. 오픈AI의 챗GPT와 구글의 제미니와 같은 초기 생성형 인공지능도 거대언어 모델 LLMLarge Language Model을 활용합니다. 세상 모든 언어를 흡수해 빅데이터로 저장하고는 최고의 가치를 갖는 언어조합을 해내는 과학기술 특이점에 빠른 속도로 근접하고 있습니다. 디지털 시대 초기 10년 단위로 큰 변화가 있었다면 인공지능 등장 이후부터는 개발과 진화 속도에 가속도가 붙고 있는 듯 보입니다. 이런 배경에서 저는 대학수업과 연구도 인공지능 활용에 대한 제약과 규제보다는 완전한 활용을 고려해야 한다고 믿습니다. 제약 없는 완전 활용을 전제로 한 교육과 연구 수행 방법론에 대해 오히려 진지한 고민을 쏟아야 한다고 생각합니다. 막을 수 없다면 아예 온전히 받아들이고 함께할 길을 찾는 편이 현명한 것이 아닌가 해서요.

김경웅 저도 교수님의 의견에 전적으로 동의합니다. 시대적인 흐름 자체가 마냥 인공지능의 사용을 막을 수는 없고 윤리교육도 중요하다고 봅니다. 그러나 교수들도 아직 이 분야에 적응하지 못하고 문외한인 경우가 많아서 어떻게 사용을 권장해야 할지 방침을 정하지 못한 상태입니다. 저의 경우를 봐도요. 적어도 학교 차원에서 이에 대한 교육 및 방침이 확고히 정해질 필요가 있는데요. 물론 쉽지 않은 이야기죠. 이러한 점을 고민하신 교수님께 질문을 드리고 싶습니다. 과연 학생들이 보고서를 작성할 때 생성형 인공지능에 대한 활용 가이드를 어떻게 제시하여야 할까요? 인공지능을 활용하되 자신의 고민과 철학을 담은 보고서를 제출하게 할 방법은 없을까요? 요즘 교수들 사이에서도 인공지능을 활용하면 쉽게 논문을 쓸 수 있다고 자랑하는 사람도 늘어나고 있는 상황에서 정말로 대책이 없는 것 같습니다.[10]

10 김경웅 교수님의 이 질문에 답을 드리지 못한 채 담론은 끝났다. 교수님이 보시지 못한 답을 책에 포함시키지 않는 게 좋다고 판단했다. 또한 앞서의 담론에서 어느 정도의 의견을 제시했고 필자가 생성형 인공지능을 활용하지 않는 점 등을 고려해 담론을 중단한 듯 끝맺게 된 것에 양해를 구한다.

2부

미래 가능성을 상상하고 펼치다

1부에서는 김경웅 교수님과 필자의 생각을 대담 형식으로 나누었으나
2부에서는 각자의 글을 통해 생각을 드러내기로 하였다.

11장

감히 상상해보는 미래

김경웅

최근 봉준호 감독의 영화 〈미키 17〉을 보고서 SF 영화가 리얼리즘 영화가 되는 시대에 살고 있다는 생각을 하게 된다. 과거에 SF 소설에서나 상상하던 일들이 현실로 빠르게 다가오는 시대인 것이다.

SF적 상상이 현실화로 이어진 경우는 과거에도 있었는데, 그중 많이 알려진 것들로는 올더스 헉슬리가 1932년에 쓴 『멋진 신세계』에서 예견한 인공 수정과 유전자 조작 기술이 있고, 1966년 작 미국 드라마 〈스타 트렉〉에 나오는 무선통신기의 경우 휴대전화 개발에 영감을 주기도 했다. 또한, 아마존의 창업자 제프 베이조스는 닐 스티븐슨의 SF 소설 『다이아몬드 시대』에서 킨들의 아이디어를 얻었다고 하며, 구글의 공동 창업자인 세르게이 브린은 같은 작가의 『스노 크래시 Snow Crash』에서 가상현실에 대한 영감을 얻었다고도 한다. 그런가 하면 미국의 SF소설가 레이 브래드버리의 소설 『화씨 451』에서 벽걸이형 텔레비전과 무선 이어폰을, 조지 오웰의 소설 『1984』에서는 CCTV를 예견했다는 평가를 받고 있으며, 로버트 A. 하인라인의 소설 『우주의 개척자』에는 인간의 유전자를 변형해 만든 슈퍼 솔저에 대한 아이디어가 담겨 있다. 영화로는 〈터미네이터〉(1984), 〈매트릭스〉(1999) 같은 SF 영화를 통해 우리가 맞이할 현실을 예측하고 고민해왔다. 우리는 이들 영화를 통해 인공지능과 로봇이 발전하며 인류가 멸망하는 미래를 미리 볼 수 있었다.

"라떼는 말야…"라고 말하면 꼰대라는 이미지로 찍힐까 봐 과거를 얘기하는 것이 두렵지만 날로 가속화되는 과학기술의 진보와 미래를 상상해보고자 필자의 학창 시절을 회상해본다(40년 이상 된 기억이니 일부 정확하지 않을 수도 있음에 미리 양해를 구한다). 1983년에 공대생으로 대학에 입학하고 보니 선배들이 철제 서랍 같은 것에 노란색 종이 꾸러미를 잔뜩 들고 다니고 있었다. 그것이 컴퓨터 프로그램의 코딩을 위해 사용되었던 펀치 카드punched card, 천공 카드라는 것을 나중에 알게 되었다. 공대생들은 2학년 수업인 전산학 개론에서 포트란FORTRAN 언어를 배우면서 코딩을 하게 된다. 코딩지에 프로그램을 코딩하여 카드 펀치실에 가져다주고 다음 날 펀치 카드를 찾아서 기계실에 제출하면 기계실에서 배치 작업으로 프로그램을 실행시켜 돌려주던 시절의 얘기다. 코딩을 잘못하면 새로 카드를 펀칭하여 프로그램 실행을 부탁해야 해서 또다시 하루가 걸렸다. 필자가 수강했던 전산학 개론 시간에는 VAX 기종(필자의 기억으로 확실하지 않다)에 연결된 터미널을 이용할 수 있었기에 배운 실습 프로그램을 직접 연습하며 과제를 했는데, 수백 명의 공대생이 20여 개의 터미널을 차지하기 위해 투쟁했던 기억이 생생하다. 기억이 희미하지만 그 당시 실습을 위한 첫 번째 과제는 1부터 10까지 숫자의 합을 구하기 위해 일단 플로우 차트 Flow Chart 를 그려보고 프로그램을 만들어 답을 제출하라는 것이었다.

1987년 대학원에 진학하면서 선배들이 실험을 위해 밤을 새우고 쉬는 시간에는 애플 컴퓨터를 가지고 추억의 플래시 게임 '팩맨 Pacman'을 하는 것을 보았고, 필자는 석사 논문을 작성할 때 '보석글'이라는 소프트웨어를 사용하였다. 보석글 초기 버전에는 자동 저장 기능이 없어서 인지 저장하지 않고 나왔는데 컴퓨터를 끄는 바람에 밤새워 했던 작업을 다 날려버리는 일도 종종 있었다. 영국 유학 시절 막바지인 1990년대 초, 처음으로 인터넷을 접할 수 있었고 이후 이메일도 처음 사용하면서 생소한 컴퓨터 바이러스가 뭔지도 알게 되었다. 이전까지 가장 빠른 외국과의 문서 및 의견 전달은 팩스를 이용하는 것이었는데, 혁신적인 이메일이 나오면서 실시간 통신이 가능하게 되었다. 당시 이메일은 주로 정부 기관과 기업, 대학 내 의사소통을 위한 도구로 활발하게 사용되었다. 인터넷 대중화와 더불어 이메일은 의사소통 수단으로 빠르게 확산되면서 필자도 비로소 새로운 시대가 열림을 실감했던 것 같다.

이렇듯 과거의 정보통신 혁명은 일반 대중에게 컴퓨터의 상용화 이후 10년 정도의 시간이 소요되었다. 그러나 현재는 모든 과학기술의 빠른 발전으로 상상 속의 일들이 하나하나 실현됨을 보게 되었다. 이제는 빨라도 너무 빠른 속도에 두려움마저 느끼면서 감히 미래를 상상해보고자 한다. 필자의 제한된 상상력으로 과연 미래에 없어질 직업은 무엇이며 살아남을 직업은 무엇일까를 생각해보겠다. 이와 함께 그렇다면 미래에 우리가 지켜야 할 가치는 무엇인가를 생각해보고자 한다.

제일 먼저 떠오르는 직업은 은행원일 것이다. 필자를 포함하여 이미 통장 개설부터 이체, 공과금 납부 등 대부분의 은행 업무를 인터넷으로 처리하는 사람들이 많아졌다. 심지어 지점은 없고 어플만 있는 카카오뱅크와 같은 은행들도 점점 늘어나고 있고, 이용자 수가 늘고 있는 실정이기에 머지않아 은행원들의 자리가 없어질 것으로 예상된다. 또한 스포츠 심판이란 직업도 사라질 듯하다. 로봇이 할 것이기 때문이다. 이미 2024년 파리 올림픽에서는 체조에서 AI 기반 판정 지원 시스템 JSS: Judging Support System 이 도입되어 체조 선수들의 움직임을 정밀하게 분석하여 공정하고 정확한 점수를 부여하는 데 활용되었다고 한다. 축구 경기에서는 10여 년 전부터 공정성을 향상시키기 위해 도입한 비디오 판독 시스템 VAR: Video Assistant Referees 을 중요한 판정에 이용한다. 국내 프로야구도 주심에게만 의존했던 스트라이크 판정이 자동 투구 판정 시스템 ABS: Automatic Ball-Strike System 을 활용하여 자동으로 이뤄지고 있다. 3대의 카메라로 투구를 실시간 추적한 뒤 이러한 3차원 스트라이크 존을 통과하는지 전자 장비가 판정하고, 심판은 통보만 하는 것이다. 머지않아 다른 판정도 로봇에게 맡기는 로봇 심판 시대가 올 것이다.

전문직으로는 아마도 처방전대로 약을 조제해주는 약사들의 일자리도 위협받을 것 같다. 조제 로봇 시스템이 도입된다면 약사가 아니어도 의사 처방전만 있으면 누구나 집에서 본인의 약을 제조하는 시대가 올 것이며, 이미 영국 연구진은 3D 프린터로 의약품을 찍어내는 데 성공했다고도 한다. 그리고 무엇보다도 빠르게 없어질 전문가 직업 1위는 통번역사가 아닐까? 통역 어플이 발달하면서 누구나 실시간으로 통역이 가능해졌고, 이미 대부분의 사람들이 파파고나 구글 번역 등의 통번역 어플을 자유자재로 사용한다. 통번역 어플이 필수가 되는 세상이기에 그만큼 통번역사의 자리가 줄어들 것이다. SF 속 '만능 번역기'가 현실화된다면 오지의 언어도 우리말로 척척 번역하는 시대가 올 것이다. 페이스북의 모기업인 메타의 AI 연구팀은 온라인 다국어 번역 AI 도구인 'NLLB-200'을 개발하고 연구 결과를 국제 학술지 《네이처》에 공개했다. NLLB는 '어떤 언어도 낙오되지 않는다No Language Left Behind'라는 의미로, 200개의 서로 다른 언어를 번역할 수 있는 인공지능 모델이라고 한다.

그렇다면 미래에도 사라지지 않을 직업은 무엇일까? 아마도 예술과 문화에 관련된 분야가 아닐까 생각해본다. 물론 인공지능 시대에는 창작의 세계가 어느 정도 달라질 수는 있을 것이다. 빅데이터 기반의 인공지능 작곡 프로그램이 청소년들이 주로 듣는 음악을 분석해 가상의 작곡가를 통해 청소년들이 좋아할 음악을 만들 정도로 발전하고는 있다지만, 인공지능이 아무리 발전해도 베토벤이나 모차르트 등 위대한 작곡가가 만든 것 같은 명곡을 만들 수는 없을 것이다. 미술 분야도 마찬가지로, 흉내는 낼 수 있으나 빈센트 반 고흐나 클로드 모네의 명화들을 창작해낼 수는 없을 것이다. 연주가의 영역은 더욱 넘보기 힘

“

인공지능이 기술적으로 뛰어난 작품을 만들며
연주를 흉내 낼 수는 있겠지만, 인간적인 경험과 감정을
온전히 전달하는 데에는 분명 한계가 있다고 생각한다.
인간의 감성을 반영하고, 인간 경험의 복잡성을 표현하는 것은
여전히 인간 예술가의 고유한 영역으로 남을 것이다.

”

들 것이라고 보는데, 그들이 표현하는 인간의 감정과 신념을 음악으로 흉내 낼 수는 없을 것이라고 보기 때문이다. 위대한 연주자들은 음악을 아주 작은 단위로 쪼개서 하나하나 집요하게 들여다보기도 하고, 하나의 돌출된 음이 음악 전체를 어떻게 다르게 만드는지, 뜻밖의 쉼표가 얼마나 큰 감동을 가져다주는지까지도 살핀다. 어떤 평론가는 피아니스트 임윤찬[11]을 '건반 위의 피카소'로 명명한다. 초인적인 테크닉 외에도 과감하게 편곡의 경지에까지 이를 정도로 기존의 틀을 해체하고, 강렬하게 조합한다는 것이다. 많은 연주자가 주선율에 힘을 준다면, 임윤찬은 잘 들리지 않는 왼손 반주나 화음의 아랫소리까지도 놓치지 않는 완급 조절 능력이 탁월하다고도 설명한다. 때로는 낯선 음들이 튀어나오기도 하는데, 그 충격과 새로움이 관객을 전율케 한다는 것이다. 어떤 미래 기술도 이러한 연주를 만들어내지는 못할 것이다. 인공지능이 기술적으로 뛰어난 작품을 만들며 연주를 흉내 낼 수는 있겠지만, 인간적인 경험과 감정을 온전히 전달하는 데에는 분명 한계가 있다고 생각한다. 인간의 감성을 반영하고, 인간 경험의 복잡성을 표현하는 것은 여전히 인간 예술가의 고유한 영역으로 남을 것이다.

11 2022년, 18세 때 반 클라이번 국제 피아노 콩쿠르에서 최연소로 우승한 피아니스트이다. 2024년 그라모폰 클래식 뮤직 어워드에서 한국인 최초로 2관왕에 올랐다.

12장

테살로니키와 아테네

김경웅

필자는 유난히도 무더웠던 2017년 여름, 오랫동안 꿈꿔왔던 그리스 여행을 하게 되었다. 그 출발점은 역사 문화의 도시 테살로니키였다. 테살로니키는 수도 아테네 다음으로 큰 도시로, 수많은 문명이 거쳐 간 역사의 흔적들로 가득하다. 특히 신약성서에서 사도 바울이 두 통의 편지(데살로니가 전서와 후서로 성서에 포함)를 보낸 교회가 있는 도시가 바로 이곳 데살로니키이다. 지중해의 따사로운 햇볕과 바닷바람을 느끼며 해변을 거닐다 보면 말을 타고 칼을 든 알렉산드로스(영어 이름 알렉산더) 대왕의 동상이 있다. 그 뒤에는 알렉산드로스가 이끌었던 마케도니아 병사들이 사용한 원형 방패와 장창들이 늘어서 있다. 알렉산드로스가 바라보고 있는 방향은 동쪽인데, 그 이유는 그가 동방 정벌을 한 사람이기 때문이라고 한다. 알렉산드로스는 기원전 356년 마케도니아에서 필리포스 2세의 아들로 태어났는데, 당시 마케도니아는 여기 테살로니키 지역에 근거지를 두고 있었다. 알렉산드로스 부자의 활발한 정복 전쟁으로 그리스를 모두 정복하고 지중해와 중동, 북아프리카까지 점령해 대제국을 세웠고 헬레니즘 시대를 열었다. 마케도니아 제국은 알렉산드로스가 서른세 살의 젊은 나이에 사망한 후 일련의 내전으로 조각났고 각 지역을 그의 부하들이 나눠 가지며 분열되다 차차 사라져갔다.

테르마이코스만의 해안 도로를 따라 걷다 보니 에게해를 마주하고 서 있는 테살로니키의 랜드마크 화이트 타워를 만날 수 있었다. 그리스어로 '레프코스 피르고스'라 불리는 이 탑은 12세기 비잔틴 시대에 처음 세워졌고 오스만 제국 이후 시대에 철거되었다가 개축되었다고 한다. 바다로 침략하는 외적을 막는 요새였으나 오스만 정복기에는 감옥으로 사용되었다고도 한다. 당시 병사들의 피로 빨갛게 물들어 '피의 탑'이라 불리기도 했다는데, 1912년 테살로니키가 그리스령이 되었을 때 다시 하얗게 칠해 화이트 타워가 되었다고 한다. 현재는 박물관으로 사용 중인데 탑의 옥상에 가면 아름다운 시내 전경과 에게해를 볼 수 있다.

필자는 비잔틴 성벽을 보기 위해 유적지 지구도 걸어서 둘러보았다. 기원전 4세기경에 지어진 성벽은 아름다운 테살로니키 고대 건축 양식의 진수로, 도시의 오랜 역사를 보여준다. 에그나티아 로드 서쪽 끝에서 출발하는 성벽은 언덕을 따라 곡선을 그리고 있었는데 성벽에 새겨진 태양, 십자가와 여러 기호들을 볼 수 있었다. 이것들은 그리스 및 초기 기독교와 관련된 주제가 반영되어 있다는 사실이 흥미로웠다.

2박 3일 간의 짧은 테살로니키 일정을 마치고 돌아오는 길에 수도 아테네로 이동했다. 시간이 넉넉하지 않아 많은 곳을 둘러볼 수는 없었지만 지구에 있는 기념물 중 으뜸이라고까지 불리는 파르테논 신전을 놓칠 수는 없었다. 파르테논 신전은 아테네 시에 위치한 거대 대리석 건축물로, 고대 그리스 시대에 아테네의 수호 여신인 아테나를 모시기 위해 건설되었다고 한다. 파르테논 신전은 아크로폴리스와 함께 높은 언덕 위에 건설되었기 때문에 아테네 어디에서나 육안으로 볼 수 있었다. 유네스코의 엠블럼이 파르테논 신전을 모델로 디자인됐을 정도로 파란만장한 역사와 예술성을 자랑하기에 서양 건축 역사의 상징과도 같은 건축물이기도 하다.

이 파르테논 신전을 보기 위해 언덕을 올라간 과정은 순탄치 않았다. 필자가 유럽을 방문한 2017년 당시에 유럽은 극심한 폭염혹은 열파熱波, Heat Wave에 시달리고 있었다. 특히 남부 유럽 쪽은 단순히 일시적인 더위가 아닌 매우 맹렬한 더위가 꽤 오랜 기간 지속되고 있었다. 필자가 아테네에 머물렀던 6월 말부터 7월 초까지는 이러한 폭염으로 인하여 파르테논 신전 관람을 위한 입장 시간을 오후 2시 반에 마감하는 조치가 취해졌다. 언덕을 오르는 관광객들이 오후 햇볕에 직접 노출되어 온열 질환자가 발생하는 것을 방지하기 위한 조치였다.

10여 년 전만 해도 이런 극심한 폭염은 자주 있는 일이 아닌 매우 이례적인 지구 온난화의 결과라고 여겨졌으나 최근에는 지구 전체에 거의 매해 발생하는 것을 지켜보면서 기후위기가 기후 대재앙으로까지 이어지지 않기를 간절히 바라는 마음이다.

13장

쑬루세: 포스트 휴먼 사상으로 다리를 놓은 심층생태학

조재원

환경을 연구하는 전공자조차 환경을 정의하기 어렵다. 아니 어쩌면 정의하지 않은 채 환경을 생각하고 있는지도 모른다. 너무 당연한 거 아니냐고 생각할 수도 있고 본능적으로 너무 복잡한 것이라 판단해 일단 정의를 유보한 채 넘어갔을 수도 있다. 이해를 돕기 위해 비슷한 예 하나를 들면 어머니의 존재가 그렇다. 지구를 '어머니 지구'라고도 부르지 않던가. "어머니란 존재가 무언가요?" 하고 질문 받으면 제대로 답할 수 있는 사람이 몇이나 있을까 싶다. 돌아가셔서 어머니 없는 세상에서 사는 사람에게 이 질문은 너무나 아프기도 하다. 어머니란 존재와는 달리 그래도 돌아보면 만날 수 있는 환경은 여전히 우리에게 있으니 얼마나 다행인가 하는 생각도 든다.

어렵고 복잡하니 가설로 정의하고 풀어가는 방법을 택해본다. 가장 먼저 환경은 물질이다. 그럴듯하다. 공기, 물, 흙을 예로 들면 환경임에 틀림없다. 일차적인 물질과는 조금 다르지만 그래도 물질로 볼 수 있는 것에는 에너지도 있다. 두 번째, 환경은 조건이다. 내가 가진 조건이 나의 환경이라고 생각하는 것이다. 태어난 나라와 도시, 사는 마을, 졸업한 학교, 가진 재산, 자본 그리고 무엇보다 현재 살고 있는 지금 이 순간 쉼 없이 맞닥뜨리는 문화도 조건일 것이다. 세 번째, 환경은 상황이다. 물질과 조건이 만나 상황을 이루니 앞의 두 가지가 조합되어 만드는 수없이 많은 상황을 환경으로 이해하는 것에 무리가 없다.

환경을 가설로나마 정의하고 나니 이제 할 얘기가 많아졌다. 바라던 것이다. 물질 없는 삶은 불가능하니 살아가는 여러 얘기로 확장 가능하며, 조건은 가치 기준이란 개념으로 사회와 연결된다. 상황은 물질과 가치 조건이 조합되어 사람마다의 개성에 따라 달라지기 때문에 개인이 가지는 '자아self'라고 할 수 있으니 윤리와 도덕의 영역으로 확장 가능해졌다. 정의하고 보니 환경은 철학, 사회 그리고 윤리학의 기본을 제공해준다.

물이란 예를 조금 깊이 들여다보자. 물이란 물질을 특정 조건과 합침으로써 가능한 상황을 선택하는 개인 행위를 통해 윤리가 드러나는 것이다. 앞에서 정의한 환경을 물에 적용한 결과다. 하천의 물, 댐으로 가둔 물, 수돗물, 생수, 사용한 후에 버리는 하수 등 여러 가지 다른 물에 대한 윤리를 우리 사회는 이런 식으로 갖게 된다. 환경이 윤리를 생성한 예다. 그런데 이를 조금 더 확장하는 것도 가능한데, '행위'는 인간만이 할 수 있는 것이라고 단정 짓기 쉬운데 물이 인간에게 한 행위까지도 포함 가능하다. 물이 어떻게 사람에게 행위하냐고, 말도 안 된다고 할 수 있겠지만 디지털 시대가 도래하면서 스마트폰 등과 같은 사물이 본격적으로 인간의 일상뿐만 아니라 여러 능력에도 영향을 끼치는 것을 경험한 후에는 물과 같은 사물도 정도의 차이는 있겠지만 우리에게 영향을 미치는 행위를 할 수 있겠다고 이해하게 되었다.

환경은 인간에게 영향을 주는 것에 그치지 않는데 시대의 흐름 속에서 전혀 다른 세계관을 제공해줄 때도 있다. 예를 들어본다. 인간의 소중함을 부정할 사람은 없다. 그런데 말은 그렇게 해놓고는 인권, 사회적 약자 등의 이슈가 생기면 과연 인간이 소중하다는 생각에 동의하는 것이 맞는지 의심할 정도로 주장하는 사람들도 나타난다. 물론 이들은 효율 중심의 기업 정책이 경제 성장을 이끌어 결국은 인권과 사회복지에 연결된다는 믿음을 얘기한다. 그렇게 믿고 주장하니 최소한 자신을 속이지는 않는 듯 보인다. 신자유주의 주장이 대표적이다.[12] 정작 심한 좌절을 느끼게 만드는 것은 따로 있다. 신자유주의 경제 정책에 자신들의 모든 것을 걸고 반대하다가도 발생한 이익을 자신들의 주장대로 나

---

12 신자유주의 정책은 노벨경제학상을 수상한 프리드리히 하이에크(1974년 수상)와 밀턴 프리드먼(1976년 수상) 등이 주장한 자유 시장 중심의 경제 정책이다. 이들은 세금을 감면하고 규제를 최소화하는 기업 중심의 경제 성장을 강조한다. 이후 1980년대 미국의 레이건 대통령과 영국의 대처 수상에 의해 정책화되었고, 필자의 판단으로는 한국도 보수 정권이나 진보 정권 할 것 없이 공히 신자유주의 정책을 채택해왔다. 또한 신자유주의가 아닌 경제 정책이 한국의 1999년 IMF 시기 이후 한 번이라도 있었는지 의심이 간다. 이런 관점에서 보면 신자유주의에 반대한다는 것은 현실적으로 큰 의미가 없다는 것이 필자의 생각이다.

눌 수만 있으면 갑자기 기조를 바꿔 경제 성장 방식과 개별 기업의 사업 윤리에는 특별히 이의를 제기하지 않는다. 안전사고로 노동자가 숨지는 사업의 작업 현장에 대해서 목소리를 높이다가도 사업을 추진하는 기업의 이익이 자신들이 요구하는 대로 배분되면 어느새 태도가 돌변하기도 한다. 조금 더 극단적인 예를 들어보면, 참혹한 학살이 일어나는 곳에서 쓰이는 무기를 만드는 무기산업체라도 기업의 이익을 정당하게만 배분하면 상관없다고 한다면 이를 윤리적으로 어떻게 이해해야 할지 당혹스럽다. 이런 사회 분위기에도 변화가 생기기 시작했는데, 의외로 정의 실현과 윤리와는 무관한 듯 보였던 디지털 시대 과학기술의 발달과 함께 형성되고 있는 포스트 휴먼 사상이 그중 하나다.

포스트 휴먼 사상은 얘기한다.[13] 디지털 첨단기술의 부작용과 비인간성을 지적하면서, 디지털 첨단기술을 멀리하지 않고 한 걸음 더 들어가 이를 인간의 일부로 받아들이는 과감한 시도를 주장한다. 배경은 이렇다. 인류를 위해 개발한 스마트폰, 컴퓨터, 인공지능, 로봇과 같은 첨단기술 제품을 개발한 빅테크 회사 CEO는 정작 그러한 첨단기술 제품을 자신의 자식에게서는 멀리 둔다는 얘기가 들린다. 그들 집에 직접 가서 확인하는 것은 불가능하고 설사 확인해도 달라질 것은 없다. 국가의 미래 먹거리로 잔뜩 치켜세워놓고는 디지털 첨단기술의 온갖 부작용을 강조하면서 관련법을 통해 해결할 것이 많다고 한다. 누구를 위

13 문규민, 『신유물론 입문: 새로운 물질성과 횡단성』(2022, 두번째테제)에서 말하는 행위자로서의 물질에 주목한다.

한 기술이고 무엇을 위한 법인지 궁금해진다. 어떨 때는 어느 장단에 맞춰 춤을 춰야 할지 혼란스러워 대중은 춤출 준비만 하다가 시간을 소비하고 있다는 느낌이 든다. 그런데 이런 이중적 태도를 취하는 경우와 달리, 디지털 과학기술과는 거리가 한참 있을 듯 보였는데 아이러니하게도 디지털 인공지능이나 기계와 오히려 하나의 몸과 마음이 될 것을 주장하는 환경 윤리 철학자들이 나타났다. 이들은 인류가 과감하게 인공지능과 로봇을 받아들이는 것이 현재 사회가 갖고 있는 온갖 갈등과 차별을 극복하는 데 도움이 된다고 주장한다. 그러면서 새로운 시대에는 전혀 다른 세계관이 필요하다고 말한다. 대표적으로 『트러블과 함께하기』, 『해러웨이 선언문』 등 혁신적인 책을 쓴 도나 해러웨이Donna J. Haraway와 같은 철학가가 있다.

인류가 저지른 기후변화와 기술문명의 디스토피아적인 인류세가 가져올 미래 재앙을 강조하는 데 다들 집중할 때, 포스트 휴먼 사상가들은 디지털 기계, 인공지능과 분리되기 힘들 정도로 하나 된 인간의 시대를 적극적으로 옹호한다. 쑬루세Chthulucene[14]가 그 대표적인 예이다. 도나 해러웨이는 『트러블과 함께하기』에서 디지털 과학기술과 얽혀진 인간인 사이보그가 살아가는 쑬루세 시대를 적극적으로 모색한다. 이

---

14 쑬루세는 '땅속'을 뜻하는 그리스 어원의 단어 'chthon'에서 유래했는데, 『트러블과 함께하기』라는 책에서 도나 해러웨이는 지상의 모든 생명체는 문어와 같은 촉수를 뻗어 지구의 땅 즉 흙과 함께할 수밖에 없고 심지어 땅의 흙 자체이어야 한다는 생각에서 인류세 대신 쑬루세를 주장한다. 참고문헌: 도나 해러웨이, 『트러블과 함께하기: 자식이 아니라 친척을 만들자』(최유미 옮김, 2021, 마농지)

런 생각은 디지털 시대에 처음으로 생긴 것은 아니다. 과학기술을 생태로 치환하면 예전의 환경 윤리 사상이 하나 떠오르는데 20세기 말 노르웨이 철학자 아르네 네스Arne Naess가 주창한 심층생태학이다.[15] 즉, 포스트 휴먼은 심층생태학의 디지털 시대 새로운 버전처럼 느껴진다. 1996년 작은 노벨상이라 알려진 스웨덴 학술원 노르딕상을 수상하기도 한 아르네 네스는 말 그대로 깊은 생태주의를 주창한다. 경제 성장만이 현대 사회가 갖는 환경오염, 소득 불균형, 기후변화 위기 등의 문제를 해결할 수 있는 유일한 길이라는 생각에 반대하면서 "얕은" 논리를 극복해야 한다고 심층생태학은 말한다. 여기서 얕은 논리란 지속 가능성, 절약, 책임의 세 가지 임시방편을 말한다. 지속 가능만 하다면, 아껴만 쓰면, 그리고, 결과에 대해 책임만 질 수 있다면 환경에 어떤 개발을 해도 괜찮다는 생각을 극복해야만 깊은 의미의 생태를 이룰 수 있다고 주장한다. 기존 환경주의에서 한 걸음 더 나아가 심층 생태 소통을 실천할 때, 환경보호라는 피상적인 목표에 머물지 않고 인간의 자아성취까지 달성할 수 있다는 것이다. 환경을 생태로, 그리고 생태에서 철학적 삶의 실천까지 아르네 네스는 심층생태학을 통해 제안한 것이었다.

환경이 생태 소통을 통해 '자아'로 연결될 수 있다는 가능성은 고스란히 포스트 휴먼 사상에 이어졌다고 판단된다. 앞서 가설로 정의한 환

---

15 다음의 책 2부에 실린 아르네 네스의 글 「Simple in means, rich in ends」를 참고하였다. 인용한 책: Michael E. Zimmerman, 『Environmental Philosophy: From Animal Rights to Radical Ecology』(1993, Prentice-Hall)

경의 물질, 조건, 상황은 디지털 시대 디지털 기술, 인터넷을 통해 연결된 사회 조건, 그리고 인공지능과 떼려야 뗄 수 없는 일상 상황이 되었기 때문이다. 이제 우리의 몸과 마음을 돌아보면, 아침에 눈뜨고 밤에 잠들기 직전까지 함께하는 디지털 존재를 떼어놓고는 어떠한 생각과 활동도 가정하기 힘들어져버렸다. 상황이 이렇다면 중독이라 치부하고 멀리하려 하지 말고 오히려 적극적으로 몸과 마음의 일부로 과감하게 받아들임으로써 능력과 한계를 넓히는 데 활용할 수 있어야 한다. 공생의 단계까지 생각하기에 이른 것이다. 여기서 공생은 영어로 말하면 'co-existence'가 아니라 'symbiosis'를 말한다. 즉, 공존이 아니라 한 몸, 한 마음 공생이다. 아무리 완벽한 공존이라고 하더라도 어차피 타자를 염두에 둬야 하지만 공생은 한데 엉켜서 살아가는 형상이라 서로 떼어내면 생명이 위험해지는 상태까지 간 것이다. 이를 조금 과장해서 말하면, 우리 몸에 이제껏 없었던 촉수가 생겨나고 뇌의 신경망에도 신경돌기형 촉수가 추가되어 디지털 기술로 추가된 생각과 행동이 기존의 몸과 마음과 완벽하게 함께하는 것을 말한다. 징그럽다고? 하지만 그게 지금 디지털 시대를 사는 인간의 현실이 아니라고 부정하기 어렵지 않은가. 기왕 이렇게 된 거 쑬루세 현실을 받아들이고 인간 행복 달성과 사회의 온갖 난제 극복을 위해 긍정적으로 활용하자는 것이다.

쑬루세는 그리스 신화에서 유래되어 '촉수'라는 뜻을 포함하는데 디지털 기술이 몸과 마음에 촉수로 합쳐졌음을 의미한다. 이는 심층생태학이 환경 물질과 하나 된 새로운 자아를 만든 것과 맥락을 같이한다. 심층생태학이 생태적 자아를 상상했다면 쑬루세는 디지털 자아를 심징

한 것이다. 이것이 쑬루세가 디지털 시대 심층생태학의 새로운 해석이라고 생각하는 배경이다.

쑬루세 사이보그 인류를 살펴보자. 물론 아직 완전하게 받아들여지지 않았고 상대적으로 나이가 많은, 디지털 시대 이전에 태어난 세대는 되고 싶다고 해서 될 수 있는 것도 아니다. 그런데 쑬루세 사이보그 인류가 유전자의 분자 레벨로까지 영향을 미치는 시대가 왔다고 가정해보자. 이때가 되면 어렵지 않게 극복될 수 있는 차별이 있는데, 젠더와 계급 차별이 그것이다. 인간이 많은 부분 디지털 기술에 의존해야 하기 때문에 의도치 않았다고 하더라도 결과적으로는 여러 차별이 무의미해진다는 것이다. 사이보그의 향상된 사고는 남성과 여성의 성과 젠더 차별을 무의미하게 만들어버린다는 얘기다. 또한 오랜 기간 인간의 정신을 지배해온 경제 이데올로기의 소통 도구인 돈이 극단적으로 다양화될 가능성도 높아졌다. 블록체인이 일반화되고 블록체인을 넘어 또 다른 양자 개념의 화폐가 생겨날지 누가 알겠는가. 그런 쑬루세가 오면 한 점을 향해 모든 힘과 인류 활동의 흐름이 쏠렸던 지금과 같은 중앙집중형 통제 사회가 달라지고, 이를 기준으로 형성되었던 피라미드형 계급도 와해될 가능성 또한 높아진다는 상상을 하기 어렵지 않다.

그렇게 극복하고자 노력했지만 쉽지 않았던 젠더와 계급 차별 등이, 디지털 시대 공생 관계를 받아들이니 의외로 쉽게 풀릴 수 있다는 상상이 가능하다. 이전 생태 시대 그리고 디지털 시대, 비록 시작은 환경이란 개념에서 했지만 거의 모든 환경 물질과 소통할 수 있는 디지털 언어가 장착되고 나니 문제가 되었던 상황은 어느덧 사라져버렸다고 포스트 휴먼 사상은 말하고 있다. 즉, 포스트 휴먼 사상은 그동안 주변만 배회하던 환경을 인류 역사상 처음으로 중심 영역으로 초대하고 있다. 환경이란 글자의 의미인 '주변'은 이제 사라져서 환경 없는 환경의 생태를 재정의해야 할지도 모른다. 어쩌면 이것이야말로 환경을 처음 개념화했던 시도의 완성이 아닌가 한다. 비슷한 예로, 페미니즘의 완성은 페미니즘이 더 이상 필요 없는 세상을 만드는 것이라는 말도 있듯이 말이다. 디지털 시대, 포스트 휴먼 사상은 비록 모든 사회 문제를 단번에 해결하지는 못한다고 할지라도 최소한 환경을 인류 사회의 변두리에서 내부 깊숙이 초대하는 데에는 엄청난 기여를 하고 있다는 사실은 분명해 보인다.

14장

신유물론이 가져다준 환경공학 가능성

조재원

독자가 저자에게 말한다. "당신은 참 어려운 단어 사용을 좋아하시는군요. 조금 알았다 싶으면 금세 '신유물론'과 같은 어려운 것을 가져오시네요."

저자는 답한다. "아, 네. 불편함을 드렸다면 죄송합니다. 더구나 이 책이 대중서로 기획된 것인데 한껏 현학적이고 어려운 내용이 담겼다는 우려를 하실 수 있습니다."

독자가 다시 말한다. "불편함까지는 아니고요. 다만 대중서라면 좀 더 이해하기 쉬운 내용으로 읽혔으면 하는 바람에서요."

가령 중학교 수업에 들어가 환경이란 개념을 설명하고 환경 문제 해결을 위한 토론을 할 때, 아무리 도움이 된다고 해도 '신유물론'을 얘기해서는 안 된다고 생각한다. 중학생을 무시해서가 아니라 그들에게는 그들과 소통할 수 있는 언어가 따로 있기 때문이다. 채식주의자에게 고

기로 파티하자고 하면 안 되는 것처럼 말이다. 높고 낮음의 차이가 아닌 존중의 의미로 이해했으면 한다. 하지만 일반인을 위한 대중서에서 책의 저자와 독자 사이에 일종의 암호 같은 코드가 있다면 신호 하나를 보냄으로써 많은 의미를 서로 주고받을 수 있다고 믿는다. 한 분야의 전문가가 동일 분야의 다른 전문가와 만나 얘기할 때 전문 용어를 사용하는 것은 의사 전달의 효율성 면에서 엄청난 장점이 있다. 물론 이를 듣고 있는 일반인에게는 도저히 이해가 안 되는 외계 언어로 들리겠지만 말이다. 이런 면에서 이 책에서는 작가와 독자 사이의 일종의 코드 암호가 몇 개쯤 있는 것은 그렇게 나빠 보이지 않는다. 친숙함까지 가질 수 있길 바라본다.

새로운 개념을 말하는 용어가 나올 때마다 이미 여러 차례 말한 대로 저자도 '신유물론'에 대한 깊이 있는 지식과 이해를 가지고 있지 못하다. 하지만 지식은 함께 쌓아가는 것이지, 누군가 정답을 정해 세상을 향해 공표하고 다른 사람들은 따라야 하는 것은 아니라고 생각한다.

서설이 좀 길었다. 신유물론은 무엇인가? 한마디로 말하면 물질에 대한 새로운 생각이다. 환경에서 물질은 자연에 존재하는 물, 공기, 흙, 불과 같은 것이라고 할 수 있다. 또한 삶 속에서 인간과 함께하는 상품도 물질이라고 할 수 있다. 신유물론에서 '신'을 뺀 그냥 유물론은 이러한 물질은 인간 주체가 행위를 가할 수 있는 대상이라고 정의한다면 신유물론에서는 인간의 행위와 함께 인간에게 행위할 수 있는 주체로서의 물질을 동시에 가정한다. 『신유물론 입문』의 저자인 문규민이 서술

한 사례를 사용해 설명해본다. 길을 가는데 진흙탕 웅덩이가 있다고 가정하자. 그럼 걷던 사람은 아무리 급한 일로 가더라도 웅덩이를 피해 돌아가게 된다. 이런 상황이 벌어지면 행인이 물웅덩이를 피하는 행위를 했다고 보지만 관점을 뒤집어보면 물웅덩이가 행인이 돌아가는 선택을 하도록 작동했다고도 볼 수 있다. 즉, 물웅덩이가 사람에게 행위를 한 것이라고 보는 관점이다. 우리는 일상에서 물웅덩이와 같은 것을 여럿 만날 수 있다. 이렇게 물질이 조건과 상황을 만나 인간에게 마치 행위하는 것처럼 보이는 경우를 만날 수 있다. 이때 물질은 행위자가 된다. 축구장에 가보면 일반적으로 선수들이 경기하는 생생한 모습을 보기 위해 필드에서 가까운 좌석에 관중이 몰려 있다. 하지만 비가 오는 날에는 필드에서는 멀지만 비를 피할 수 있는 지붕이 있는 뒷좌석에 관중이 몰린다. 멀리에서 이런 장면을 보면 경기장이 마치 관중에게 무언가 행위를 한 것처럼 보인다. 이렇듯 신유물론은 말한다. 사람이 물질에 행위하듯 물질도 사람에게 행위를 가한다.

이제, 신유물론 관점에서 생각하는 환경은 달라져 있다. 신유물론 관점이 없을 때 환경공학은 이를테면 안전한 수돗물을 공급하기 위해 충분한 수원을 확보하고 마실 수 있을 정도의 수질을 확보하는 정수장을 설계, 건설, 운영하는 것을 최고의 목표로 삼았다. 하지만 신유물론 관점에서의 환경공학은 수돗물이 시민에게 가하는 여러 행위와 그 결과를 동시에 고려해야 한다. 이는 작지 않은 차이를 만들어낸다.

이번에는 기후위기의 재앙이란 주제를 이용해 신유물론과 함께하는 환경을 살펴보자. 신유물론을 고려치 않았을 때 기후위기는 누군가에 의해 정해진 결과로 우리에게 전달된다. UN이 기후변화의 심각성을 표현하는 대기 중 이산화탄소 농도로, 기후재앙 피해 국가들의 피해 상황 통계로 다가온다. 대중은 UN과 여러 전문가 집단이 잘 정리해서 제공하는 정보를 받아 이해해야 하는 상황에 거의 반강제로 놓인다. 이는 이를테면 깨끗하게 처리해서 공급하는 안전한 수돗물을 받는 시민 소비자의 모습과 겹친다. 수돗물을 만드는 과정에 관여할 수 없는 소비자 시민은, 전문가와 상수 시스템이 제공하는, 법적으로 안전해야 하는 수돗물을 사용하는 소비자에 그친다. 우린 수돗물이란 대상을 소비할 뿐, 물이란 물질과 소통할 수 없다. 마찬가지로 기후위기란 이름으로 권위 있는 조직과 전문가 집단이 만든 대상을 받아들일 뿐, 대중이 직접 기후변화의 여러 물질과 직접 소통하는 것은 차단된 것이나 진배없다. 신유물론과 함께하지 못한 환경공학은 권위 있는 기구 또는 국가가 요구하는 대상으로서의 상품과 지표 생산에 종사했을 뿐, 물과 기후변화의 여러 물질이 직접 인간에게 행위하는 순간을 포착하는 데에는 전혀 관여하지 못했다. 환경공학의 현주소는 여기에 있다.

신유물론은 항변한다. 대중은 가져다주는 음식을 잘 받아먹기만 하는 수동적인 존재가 아니라고. 또한 신유물론은 인간이 물질과 소통하는 인간이 되게 하는 역할을 환경공학이 지금부터라도 해야 한다고 주장한다.

2층 정도는 에스컬레이터가 아닌 계단으로 걸어서 올라가면 172초의 수명이 연장되고 100와트의 전기를 절약할 수 있다는 식의 문구를 길거리에서 어렵지 않게 발견할 수 있다. 이런 문구를 보고 '그렇구나' 하고 받아들이지만 그렇다고 해서 이를 통해 일반 대중이 진짜로 그런지 사실을 확인할 수도 없고 전문가들이 계산했으니 그러려니 할 뿐이다. 또한 계단을 걸어서 올라갔다고 하더라도 그 실천 행동이 실제 기후위기 극복에 어떻게 기여했는지 체감하기는 거의 불가능하다. 우린 늘 이런 식으로 권위 있는 기구와 기관, 전문가들이 정해서 보여준 실천 방안을 받아서 따르는 존재였다.

"그럼 어떻게 할까요? 뭐 다른 방법이라도 있나요?" 하고 말할 수 있다. 대안 없다는 자조 섞인 한탄을 깨는 것에서 대안이 생겨난다는 믿음을 가져본다. 본질적인 한계를 제대로 알게 되면 어렵지만 비로소 길이 열릴 수 있다. 인공지능은 놔뒀다 어디 써먹으려고 하는지 모르겠다. 이런 곳에 써먹으면 될 일이다. 국가적으로 매년 수조 원씩 인공지능 연구에 쏟아부으면서 이런 작은 실천을 돕는 것에는 왜 인색한지 모르겠다. 제대로 개발한 다음에 그때 쓴다고? 이제 그런 식으로 회피하는 행동은 그만했으면 한다. 어디 한두 번인가? 국가 차원에서 연구에 엄청나게 지원하고는 지원이 끝나면 곧바로 다른 지원 사업으로 건너간 것이 어디 한두 번이었던가.

자가용보다는 대중교통, 대중교통보다는 걷는 행위, 에스컬레이터보다는 계단을 걸어 올라가는 행위, 플라스틱을 줄이는 또는 사용하지 않는 행위, 함부로 버려진 플라스틱을 재활용으로 연결되는 장소로 가져오는 행위, 이 모든 행위의 가치에 상응하는 대가가 구체적으로 지불되어야 한다. 이렇게 말하면 왜 모든 선한 행동을 돈으로 환산하려고 하느냐는 밑도 끝도 없는 냉소적 반응을 접하게 되는데 그럴 때면 어이가 없다. 뭐 눈에는 뭐만 보이는 격이다. 누가 돈으로 준다고 했던가? 그러지 않았다. '대가'라고 했다. 그런 행위에 상응하는 가치가 만들어지게 하자고 제안했다. 디지털 플랫폼으로 앞서와 같은 의미 있는 행위들이 드러나면 이런 행위에 자신이 가진 가치를 보상으로 주고 싶다는 사람들과 가게들이 생길 것이므로 이를 연결하는 인공지능 방식의 플랫폼을 만들자고 제안한다. 물질이 조건을 만나 만든 상황이 사람들에게는 행위가 되기에 신유물론으로 해석될 수 있게 된다. 계단을 걸어 올라간 사람에게, 플라스틱을 재활용 장소로 가져온 사람에게 몇몇 영화관에서 빈 좌석 몇 개를 제공하는 식으로 물질이 매개가 된 상황이 행위로 작동하게 된다는 상상이다.

에너지라는 물질을 매개로 하는 비슷한 사례를 생각해볼 수 있다. 앞서 1장에서 다룬 예이지만 좀 더 얘기해보고자 한다. 전기 스위치를 켤 때 지금은 하나의 스위치만 사용한다. 지금 시점의 우리는 비록 한전을 통해 생산 방식이 구별되지 않은 전기를 받아서 사용하지만 실제 전기를 사용할 때는 전자 스위치를 화석연료, 풍력, 원자력, 태양광 등으로 나누어 설치하고 선택해서 사용한 만큼 책정된 전기료를 낸다고 해보자. 전기를 사용하려는 사람이 선호하는 풍력을 주로 사용한다고 가정해보자. 그런데 한 카페 프랜차이즈가 풍력 사업에 집중 투자하고 있어 풍력을 사용하는 전기 소비자와 연대하고 싶다고 해보자. 풍력을 주로 사용하는 전기 소비자가 카페에 와서 음료를 주문할 때 다른 소비자에 비해 큰 할인 혜택 또는 무료 쿠폰을 지불을 한다고 상상해볼 수 있다. 전기라는 물질이 소비와 비즈니스 모델에 행위했다고도 볼 수 있다. 즉, 신유물론 관점이 작동한 것이다. 물질이 조건을 만나 물질을 매개로 생긴 상황이 인간에게 행위한다는 신유물론이 증명된 셈인데, 물질과 조건은 환경이란 개념의 핵심 요소이므로 신유물론이 환경을 통해 사회가 새로운 방식으로 변할 수 있는 가능성을 열어준 경우라고 할 수 있다.

15장

종교 속 두 가지 환경 윤리

조재원

1986년, 이탈리아의 작은 도시 '아시시Assisi'에 전 세계의 영향력 있는 지도자들이 모였다. 그런데 정치 지도자가 아니라 가톨릭, 이슬람, 기독교, 불교, 힌두교 등의 종교 지도자가 모인 것이다. 여기에 이탈리아의 환경부 장관과 영국 여왕의 남편이 참석했다고 한다. 이들이 모인 이유는 지구를 경제 성장과 산업 발전 정책에 그대로 맡겨두어서는 안 되겠다는 절박한 상황 인식에서였다. 종교 지도자로서 정치인들에게 보내는 일종의 최후통첩 같은 것이었다.

1960~70년대, 제2차 세계대전과 한국전쟁에서 승리한 미국은 그 자신감과 전 세계로부터 모인 많은 자본과 금을 통해 세계 경제와 산업 기술 발전을 리드했다. 1970년대 있었던 중동 전쟁으로 인한 오일 쇼크도 이런 분위기를 막지 못했다. 오히려 시장의 자유를 통해 위기를 극복해야 한다는 '신자유주의'의 사상적 토대가 된 밀턴 프리드먼이

1976년에 노벨경제학상을 받음으로 인해 미국과 영국에 신자유주의 열풍이 불기 시작했다. 영국의 마거릿 대처 수상과 미국 레이건 대통령이 신자유주의를 신봉하면서 시장 자유주의를 통해 성장을 이끌었다. 그러니 환경은 뒷전이 될 수밖에 없었다. 이런 분위기에서 종교 지도자들이 움직인 것은 어쩌면 다행이고 한편으로는 종교란 원래 그래야 하는 것이 아닌가 하는 생각이 들었다. 그렇게 아시시에서 종교 지도자들이 마음을 모아 정치인들에게 강력한 메시지를 전달한 것이다. 이것이 통했는지 2년 후인 1988년 IPCC기후변화에 관한 정부 간 협의체가 창설되어 기후변화를 다루는 역사상 최초의 국제기구가 생겼다. 이와 같이 기후변화를 다루는 국제적 움직임은 이후 1992년 리우정상회의를 거쳐, 1997년 교토협약과 2015년 파리협정으로 이어졌다.

1986년 아시시 종교지도자회의는 세상의 정의를 다시 세우려는 노력이었다. 성장 일변도의 과학기술과 경제는 세상을 이롭게 하겠지만 그 부작용 또한 못지않다는 판단에서였다. 옳음과 옳지 않음, 바람직하지 않음을 기준 삼아, 세상이 올바르게 행동하지 못할 때 종교의 역할과 책임이 분명 있다고 판단한 것이다.

2025년 2기 트럼프 정부가 들어서면서 미국은 행정 명령에 의해 파리협정을 탈퇴해버렸다. 이를 정치적으로 해석하는 것에 그쳐서는 안 되겠다는 생각이 드는데 배경은 이렇다. 1986년 아시시 세계종교지도자회의로부터 이어진 환경주의 흐름이 어려움과 갈등에도 불구하고 큰 줄기의 흐름을 유지해오고 있었건만 세계 경제, UN, IPCC 등을 주도

하고 있는 미국의 독단적인 지도자가 이를 외면해버린 것인데, 이에 대해 그저 분노하고 비판하는 데 그쳐서는 안 되겠다는 것이다. 1986년 종교 지도자들이 세운 정의가 2025년 트럼프 대통령 자신이 믿는 정의에 의해 너무나 어이없이 부정되어버렸기 때문이다. 무엇이 옳고 무엇이 그른지 여부가 시대와 사람, 경제 상황에 따라 이렇게 허무하게 뒤집힐 수 있다는 생각을 하지 않을 수 없다. 이 지점에서 환경 윤리를 정의의 관점에서만 보아왔다는 것을 비로소 깨닫게 된다.

2025년 갑자기 불어닥친 환경주의의 위기는 또 다른 정의를 바로 세우는 것만으로 대처하기에는 한계가 있다는 생각이 든다. 설령 엄청난 희생을 감수하고서 기후변화 재앙의 정의를 되돌려놓는다고 하더라도 언제고 다시 뒤집힐 수 있기 때문이다. 여기서 환경 윤리에는 정의만 있는 것이 아니라는 생각을 하게 된다. 정의와 함께 돌봄의 윤리가 있었던 것을 기억해야 한다.

환경 윤리 중에서 정의 윤리는 남성성을, 돌봄 윤리는 여성성을 대변한다. 여기서 꼭 기억해야 할 것이 있다. 여성성과 남성성은 여성과 남성이 아니라는 거다. 생물학적 남성에게도, 여성에게도, 공히 여성성과 남성성이 존재한다. 즉, 성별에 관계없이 가지는 두 가지 윤리인 남성성의 정의 윤리와 여성성의 돌봄 윤리가 균형을 맞추는 세계관을 가져야 한다는 뜻이다.[16]

---

16 정의 윤리를 남성성에, 돌봄 윤리를 여성성에 비유한 것은 부산 영화의전당에서

아시시에서 그 시대에 맞는 환경 윤리, 즉 남성성의 정의 윤리를 종교 지도자들이 제시해주었다. 그래서 환경주의 역사의 큰 흐름이 그로 인해 가능했던 것이다. 하지만 40여 년이 흐른 후 환경 윤리는 위기를 맞았는데 다만 그것은 정의 윤리의 측면이라는 점을 우린 기억해야 한다. 그러나 우리에게는 또 다른 환경 윤리, 즉 여성성의 돌봄 윤리가 있다. 이제 한계에 달한 정의 윤리 대신 돌봄의 윤리를 기후변화 재앙의 위기에서 꺼내 들어야 한다.

현실 세계의 일은 아니지만 최근 상영되었고 아카데미 작품상 후보였던 영화 〈콘클라베〉에서 이 주제가 다루어진다. 개인적인 바람이긴 했으나 이 영화가 작품상, 주연상을 받지 못한 것은 못내 아쉽다. 영화를 보면서 40여 년 전 '아시시 세계종교지도자회의'가 떠오른 사람은 나뿐이었을까 생각했다. 교황이 사망하면 모든 추기경들을 성당 내부에 물리적으로 가두고 3분의 2 다수결에 의해 새 교황이 선출될 때까지 진행하는 가톨릭 전통인 콘클라베를 통해 이 영화가 말하고 싶었던 것은 무엇일까. 이 영화는 잊힌 존재, 그것이 사람뿐만 아니라 전 지구적인 모든 생명으로 이어지면서 현시대는 돌봄의 윤리, 즉, 여성성이 해결의 실마리를 제공할 수 있다는 깊은 울림을 전달하고 있다. 영화평론가 이지훈은 영화 해설에서 이를 '카리스마'라고 표현했다. 지켜야 할 종교적 엄숙함과 규칙도 중요하지만, 신이 진정으로 원하는 것이 무엇인지를

매달 개봉작을 인문학적 시각으로 다루는 프로그램 〈시네필로〉에서 강연자 이지훈이 영화 〈콘클라베〉 시네필로(2025년 3월 8일) 강연 중 강조한 개념이다.

두고 혼란에 빠질 때 신은 현실 세계에서 그의 뜻을 전달할 사람의 어깨를 쳐주신다는 말이 있다. '카리스마Kharisma'의 어원이 거기에 있다. 영화 〈콘클라베〉는 카리스마를 통해 현재 세계가 겪고 있는 온갖 어려움을 극복하려면 남성성의 정의 윤리보다는 여성성의 돌봄 윤리가 필요하다고 조용하게 말하고 있었다.

16장

퇴비더미[17]에서 발견한 환경 윤리

조재원

퇴비더미의 목적은 없다. 퇴비더미 세상은 신비롭다. 우선 퇴비더미 속에서는 발효가 일어나지 않는다. 많은 사람들이 착각하는데 발효와 퇴비더미 속 반응은 다르다. 발효는 산소가 없는 과정인 반면, 퇴비더미 속 퇴비화 반응은 산소 없이 일어나지 않는다. 발효에는 산소가 없지만 미생물이 산소 아닌 다른 물질로 호흡한다. 퇴비더미에서는 산소로 호흡하는 미생물이 주로 활동한다. 산소 유무의 차이로 인해 발효는 천천히 진행되지만 퇴비더미 속 반응은 엄청나게 빨리 진행된다. 발효는 이익이 되는 물질이 만들어지는 특징을 가져 목적이 되기도 하지만, 퇴비화는 특정 물질을 만들기보다는 분해하는 것에 집중한다. 분해함으로써 생성되는 물질이 있기는 하지만 퇴비더미 속에서 특정 물질이

17 도나 해러웨이, 『트러블과 함께하기: 자식이 아니라 친척을 만들자』에 등장하는 퇴비의 아이들, 퇴비 공동체 개념을 말한다.

만들어지는 것을 목적으로 삼기에 여간 힘든 것이 아니다. 퇴비가 만들어지지 않느냐고 할 수 있지만 특정 목적과 품질 등을 정하고 달성하는 과정이 아니라 분해 자체가 일어나는 자연 현상이다. 하늘에서 때가 되면 비가 내리는 것을 두고 빗물이 목적을 갖고 내린다고 하지 않는다. 내린 비로 만물이 자라지만 그렇다고 해서 만물을 키우기 위해 비가 내리지는 않는다. 비가 내리니 만물이 살아간다.

퇴비더미 속 뭇 생명들은 연결되어 있지 않다. 대신 그냥 한 몸이다. 팔과 다리가 조화롭게 산다고 말하지 않는다. 음식을 먹은 후 위장이 제대로 움직이지 않아 체했다고 해서 위가 뇌의 명령을 듣지 않는다고 비판하지도, 조화로운 활동을 하지 않는다고 책망하지도 않는다. 물론 다른 위장으로 교체하지도 않는다. 아니, 할 수가 없다. 그렇게 했다가는 생명을 잃을 수 있다. 아무리 조화와 상생을 목숨을 다해 이루려 해도 그런 세상은 불가능하다. 왜냐? 분리된 생명으로 상생을 이룰 수 있는 세상은 없기 때문이다. 우리가 못나서 못하는 것이 아니라 그런 세상은 원래 없다. 퇴비더미 속 온갖 생명들이 조화를 이루고 있는 것이 아니라 퇴비더미가 그냥 하나의 생명이기 때문에 일어나는 현상이다. 내가 먼저 먹고 너는 나중에 먹어야 한다는 그런 룰은 없다. 그런 생각과 믿음은 우점종이 있다는 망상에 불과하다. 그냥 활발한 작동이 있는 부분이 조건과 상황에 따라 달라질 뿐이다. 걷고 달릴 때는 다리가, 밥 먹으면 입과 식도가, 소화할 때는 위장과 장 기관이, 똥 눌 때는 대장과 항문이, 글 쓸 때는 손과 뇌가 상대적으로 활발하게 활동한다. 이를 두고 다리, 입과 식도, 위장과 장 기관, 대장과 항문, 손과 뇌가 우점종이라고 하진 않는다. 모두 한 몸, 한 마음이다.

퇴비더비는 한 생명이라는 것과 같은 진리는 과학에 많은 부분 기대므로 과학으로 증명할 수 있어야 할 듯하다. 그런데 이런 고민을 우리만 한 것이 아니었다. 1915년에 입자와 옆 입자와의 관계가 우주 모든 사물 에너지를 밝혀낸다는 것을 수학으로 증명한 과학자가 있었는데, 그는 바로 일반 상대성 이론 논문을 발표한 아인슈타인이었다.[18] 상대성 이론 전에 등장한 뉴턴 법칙에 따르면, 중앙집중식 힘이 있어 그 주위에 입자들이 모여들기 때문에, 작용하는 힘을 알면 모든 입자의 움직임을 설명하고 예측할 수 있다. 아인슈타인은 이러한 뉴턴 법칙을 거슬러, 점들이 관계를 형성하면 바로 그곳에 에너지가 생긴다는 일반 상대성 이론을 말하면서 점들 사이의 관계를 물질-에너지 텐서tensor[19] 방정식으로 가설했다. 그리고 그런 관계가 발생하는 시공간이 '지오데식geodesic'이라고 상대성 이론을 통해 정의했다. 지오데식이라는 시공간에서는 시간은 어느덧 사라지고 엄청나게 큰 영향력을 발휘하던 중앙집중식 중력도 사라지며 오직 바로 옆 존재와의 관계만 남는다.

---

18 버트런드 러셀의 책 『The Analysis of Matter』(1927, 2007, Spokesman)에 제시된 내용이다.

19 텐서는 벡터(vector)를 일반화한 수학 개념이다. 벡터가 크기와 방향이라는 두 가지 특성을 갖는다면 텐서는 크기와 방향을 여러 갈래로 확장해 여러 다른 특성을 지닌다.

초기 분석 철학자인 버트런드 러셀은 일반 상대성 이론을 해석하기를, “사물은 생각보다 덜 물질적이다”라고 하면서 인간의 마음에 연결할 수 있다고 했다. 러셀은 또 “인간의 마음은 생각보다는 덜 정신적이다”라고도 했는데 의식은 물질에 기반해 마음 현상을 드러낸다고 했다. 러셀의 이런 해석에 기반하면 인간 사회의 모든 가치가 물질을 의식해서 생겨나는 마음 현상에 근거한다고 볼 수 있다. 또한 의식이 인간 영혼의 순간적인 존재이므로 결국 물질-의식-사물과 가치가 연결되는 유물론이 된다. 일반 상대성 이론은 가치를 제안하는 강력한 힘이 버티고 있는 중앙 통제력이 아니라 관계가 있는 모든 곳에서 에너지가 생기는 퇴비더미 속 온전한 하나의 생명체를 연상하게 한다. 즉, 일반 상대성 이론은 유물론의 과학 버전이었고, 완벽한 예를 퇴비더미에서 발견하게 된다.

이제 분명해졌다. 사회 속에서 사물의 흐름이 막혀 특정 지점에 무언가 쌓일 때 설사 그것이 가치로운 것이라고 하더라도 사회 전체의 가치이지, 쌓인 곳 주위에 모여든 존재들의 소유물이 될 수 없다. 사회를 퇴비더미로 보면 당연한 해석이다. 자신들이 취할 수 있는 가치라고 착각하고 모여든 권력과 이익집단이 그곳을 격리하고 둘레에 높은 벽을 쌓는다 해도 퇴비더미 세상은 이를 허락하지 않는다. 상황이 생겨 활발하게 작동한 퇴비더미 속 특정 부분이 있다고 해도 상황이 종료되면 원래대로 돌아가야 하기 때문이다. 산책할 때는 다리로 걷지만 산책 후 밥을 먹을 때도 다리가 나서 활발히 움직이지는 않는다. 걸을 때 활발해야 할 부분이 있듯이 밥 먹을 때 활발해야 하는 부분이 있다. 상황에 맞게 퇴비더미 속에서 숨 고르기를 하는 부분과 활발하게 행위하는 부분이 생긴다. 퇴비더미의 환경 윤리이다. 이를 외부에서 관찰하면 크게 나누어 정의의 윤리와 돌봄의 윤리가 있는 것처럼 보이지만, 정의와 돌봄 윤리가 퇴비더미 세상을 움직이는 것은 아니다. 퇴비더미는 막힌 곳이 있으면 뚫고 딱딱해져 굳은 곳이 있으면 스스로 푼다. 만약 이익에 눈이 멀어 높은 벽으로 스스로 격리시키는 존재가 나타나면 퇴비더미는 몸살을 앓거나 병이 생기기도 한다.

퇴비더미는 하나의 생명체이기에 치유 능력이 있다. 이미 말한 대로 이 능력을 외부에서 보면 정의와 돌봄의 윤리로 보이지만 퇴비더미 속 세상에서는 정의와 돌봄이란 환경 윤리가 중심이 되는 리더의 지시에 일사불란하게 작동하지 않는다. 대신 바로 옆 존재와의 관계가 일반 상대성 이론이 증명했듯이 즉각 전체 연결이 되는 구조를 갖고 있다. 만약 퇴비더미 속에 생긴 일시적인 현상을 문제 삼고 자신을 중심으로 해결해야 한다는 존재가 나타나 힘을 얻게 되고 퇴비더미 속 다른 존재들이 따른다면, 퇴비더미 생명체는 더 이상 유지될 수 없어 사라진다. 퇴비더미의 자기 치유 방식인 환경 윤리 대신 통제력을 가진 힘의 존재로 일시적 현상을 문제로 파악하고 해결하려 한 결과는 퇴비더미의 생명이 종료되는 것이다. 기후재앙이 아무리 심각해도 길고 긴 인류의 시간을 보면 인류가 속한 퇴비더미 지구 생명이 잠시 앓고 있는 현상으로 보아야 한다. 이를 통제 가능한 힘을 통해 문제 해결식으로 접근하면 그것이야말로 퇴비더미 지구 생명체의 종말을 가져오게 될 것이다.

그럼 어떻게 해야 할까? 우선 퇴비더미의 진실을 제대로 받아들여야 한다. 자신의 주위에 함께하기 싫은 누군가가 있다고 그들을 소독하면 결국 퇴비더미 공동체[20]는 공멸하고 만다. 그 누군가는 인간일 수도, 동물일 수도 있으며 미생물, 심지어 무생물이기도 하다. 소독은 화학약품으로만 이루어지지지 않는다. 높은 벽을 쌓고는 자신들은 안전하게 지켜진다고 믿는 사람들도 소독의 행위를 하는 것이다. 하지만 그런 소독으로 지킬 수 있는 시공간은 없다. 스스로 좀비 되기를 자처하는 행위를 하고 있다. 서로 인정해주고 싸우지 않는 것만으로는 어림없다. 의식을 가진 '나'라는 존재가 있지만 내가 사는 세상은 결국 하나의 몸과 영혼과 다르지 않음을 있는 그대로 받아들일 때, 일반 상대성 이론을 실천할 수 있다. 아인슈타인의 '지오데식' 세상의 상상이 어려우면 도나 해러웨이의 퇴비더미를 떠올려 실천해보자. 해러웨이는 일반 상대성 이론의 현실을 퇴비더미로 완벽하게 옮겨놓았다.

강력한 하나의 점으로부터 발생하는 세상의 권력과 가동되었던 권력 유지 질서를 거부하면서 모든 점에서 가치가 발생되는 개념을 세계 속에서 창조해야 한다. '창조'라는 단어를 굳이 사용한 것은 이 정도의 개념 만들기가 없으면 해결하기 녹록지 않은 상황이기 때문이다. 돈이 '딱' 하나밖에 없어 생긴 재앙은, 엄청나게 다양한 화폐가 이 사회에서 유통되고 그 유통의 소통 속에서 가치가 생겨날 수 있는 개념을 창조해

20 공동체에는 마을 공동체와 같은 작은 규모도 있지만 화폐 공동체, 경제 공동체와 같이 국가를 넘어 세계 시민의 영역으로 확장할 수도 있다. 여기서는 한없이 큰 공동체를 염두에 두고 있다.

야만 겨우 극복할 수 있다. 세상의 가치 기준이 하나뿐이면 질서는 중앙 통제가 가능한 점으로부터 나올 수밖에 없다.

가치의 기준이 여럿이면 변화하지 않으려야 않을 수 없다. 음식, 교통, 교육, 여행, 문화 상품을 소비하고 생산하는 특이한 토큰 형태의 화폐가 유통되는 세계를 우린 얼마든지 상상하고 또 만들 수 있다. 대중의 능력이고 특권이자 의무이기도 하다. 토큰 경제의 특징은 뚜렷하다. 토큰 경제란, 돈 자체가 가치를 가지고 가격을 결정하는 것이 아니라 상품이 시장에서 교환되면서 가치가 형성되는 시장의 질서가 만들어지는 경제를 말한다. 돈이 '딱' 하나밖에 없으니 정부만 바라보고 미국과 같은 강대국 경제에 목을 매는 것이다. 하지만 디지털 시대의 도래로 인해 이제 그런 권력과 자본 바라기와 단절하고, 대중이 윤리적으로 새로운 개념을 창조하는 것으로 극복할 수 있다. 중앙집중 힘으로 가치를 한 곳에 모아 정의롭게 배분하겠다는 '남성성' 정의 윤리 대신, 사람들이 모이는 곳에 가치가 생성되게 하려는 것이다.

사람이 모이면 그곳에 가치가 생긴다는 디지털 시대 진리를 구글과 같은 빅테크는 정확하게 이해했다. 유튜브를 떠올리면 이해가 된다. 디지털 시대 빅테크의 노력에는 감탄하지만, 사람이 모이면 그곳에 가치가 생긴다는 것을 기껏 발견하고는 그 발견을 세상을 위한 윤리로 만드는 대신, 자신이 중앙집중 권력의 핵심이 되겠다고 결심한 그들에게 실망하게 된다.

이제 구글과 같은 디지털 빅테크를 역이용할 때가 되었다. 바로 옆 존재들과 함께하려고 마음만 먹으면 그것이 곧 가치가 되고 그 가치에 화폐 형식을 붙이면 그만이다. 모든 상품에 하나 이상의 화폐를 붙이는 토큰 개념으로부터 바로 시작해보자. 디지털 시대이므로 블록체인을 근간으로 해서 디자인할 수 있는 게 토큰 경제이다. 토큰을 경제 시스템 소통의 도구로 사용하면 서로를 케어care하게 되니 자연스럽게 돌봄 사회가 형성된다는 '여성성' 윤리가 생긴다. 기후재앙을 벗어나게 해주겠다는 정의의 윤리에 현혹되지 않고 재앙의 트러블이 있는 이곳이 바로 우리가 살아가야 할 새로운 고향이라고 받아들이고 바로 옆 존재가 나와 얽히고설켜 있다는 것을 인정하는 순간 세상의 모든 가치가 우리에게 찾아온다고 돌봄의 윤리(여성성)는 말한다. 그리고 대중은 돌봄 윤리를 실현하는 중요한 역할을 담당할 것이다. 하지만 그런 움직임의 시작을 누군가 알려주지 않는다. 바로 옆 존재는 소독하고 격리해야 할 대상이 아님을 우리 자신의 선택으로 증명할 때 시작될 것이다. 인류, 동물, 식물, 비인간의 모든 존재 말이다. 트러블이 느껴진다면 그거야말로 내가 살아 있다는 증거이다. 트러블은 우리에게 물질 그리고 조건과 상황을 선택할 수 있는 가능성을 가져다줄 것이고 모든 존재가 그 선택에 손을 내밀 때, 이를 특정 세계가 아니라 우리의 '세상'이라 비로소 부를 수 있다. 그리고 물질, 조건과 상황을 선택 가능한 대상으로 쉼 없이 만들고 또한 자연스럽게 사라지도록 개념을 창조하는 것이 대중 윤리이다. 환경 윤리가 곧 대중 윤리인 게다.

기후재앙 시대 대중은 일반 상대성 이론에서 유물론의 과학적 근거를 찾고, 도나 해러웨이의 퇴비더미에서 환경 윤리 현실의 길을 찾을 수 있다는 용기를 내어야 할 때이다. 좋거나 옳은 것을 찾는 윤리 대신, 상황에 따라 세상 모든 존재는 나쁘거나 틀리게 보일 뿐 '실재'로는 그렇지 않다는 환경 윤리를 믿어보자.

에필로그

그리운 친구에게 유작을 보내며

김경웅 교수님을 떠올리면 생각나는 몇 가지 단어가 있다. 비소, 토양, 장난기 어린 얼굴과 미소, 동료 그리고 친구란 단어다. 한 번도 그 단어로 불러보질 못했지만 떠나보내고 나니 그가 친구였음을 느낀다. 짝사랑했던 광주를 떠날 때도 그곳엔 언제나 친구가 있다고 느꼈었다. 작년 이 책을 함께 해보자고 제안한 그의 마음을 이제야 어렴풋이 알게 된다.

뜨거웠던 환경공학의 열기 속에서 냉정하게 학자와 교육자의 길을 걷자고 서로에게 충고하던 광주 시절을 떠올리면서 어느덧 차갑게 식다 못해 얼어버린 환경공학의 현실과 보이지 않는 미래를 고민하는 서로를 멀리서나마 발견하고 기뻐했던 최근 몇 년을 기억한다. 그래서 시작한 것이 이 책이고 미완성 상태에서 김경웅 교수님은 떠났다.

떠나기 전 생각하셨을 남은 자들의 미래를 감히 '환경, 그리고 가능성의 미래'라 이름 지어보았다. 비록 자신은 맞이할 수 없지만 남긴 책 속에서 미래를 미리 담아두셨을 것으로 믿었기에 이를 '가능성의 미래'라는 말로 표현하고 싶었다.

아드님 태리 군이 보내준 교수님 책 관련 파일들 속에서 「은퇴 후 한 달 살기 예행연습, 치앙마이에서 무위도식」이란 글•을 발견했다. 그 글은 다음 문장으로 시작되었다. "은퇴를 앞으로 5년 남짓 남겨놓은 시점에서 미리 체험하고 준비하기 위해 기회가 있을 때마다 한 주 혹은 한 달 살기를 해보려고 한다. 여기 우선 버킷 리스트를 작성해보고 하나씩 실천해나가기로 한다." 마치 남은 자에게 보내는 교수님의 마지막 이야기 같았다. 이 책의 주제인 시간성을 '예행연습'이란 단어로, 떠나는 순간까지 환경을 화두로 살아오신 삶의 모습을 '무위도식'이란 단어로 말씀하신 듯이 느껴졌다. 늘 그러하셨듯, 자신의 깊은 철학마저도 무겁지 않고 둥글게 담아내신 것처럼…….

2011년 여름, 교수님은 가족과 함께 내가 연구연가를 보내고 있던 스페인 안달루시아 지방의 카디스를 방문해 열흘 정도를 함께 보냈다. 당시 나는 '환경'에 대한 고민 차원을 넘어 깊은 회의 수준의 의심을 하던 시기였다. 그 때문인지 평생 숙제처럼 마음 한편에 두었던 칸트의 『순수이성비판』을 읽고 새로운 세상에 대해 조금이나마 눈을 뜬 무렵이

• 김경웅 교수님은 이 책의 마무리 글을 남기지 못하셨다. 아드님이 보내준 책 프로젝트 관련 글 중에서 발견한 것이다.

었다. 최소한 그렇게 믿었었다. 지금은 기억도 가물가물하지만 그때 마음속에 갖게 된 새로운 생각을 분명 김경웅 교수님께 자랑삼아 얘기했을 것이다. 영문판『순수이성비판』과 함께 스페인으로 가져갔던 한국어판 헤겔의『미학』을 소개드려 사모님과 함께 검토하시기도 했다. 지금 돌이켜보면 낯 뜨거운 일이지만 그게 교수님과 나의 사이였다.

10년이 훌쩍 지난 지금, 누군가의 책이 아니라 자신의 인생을 읽어내는「은퇴 후 한 달 살기 예행연습, 치앙마이에서 무위도식」이란 글을 통해 교수님은 인생을 바쳐 고민했던 '환경'은 다름 아닌 '인생'이라는 진실을 말씀하시는 듯하다. 하늘에서 교수님이 허락한다면 버킷 리스트로 남긴 예행연습 순례 여행을 대신 해보고 싶다.

그리고 이 책이 독자에게 환경이란 인생의 길을 이해하는 데 조금이나마 길잡이가 되었으면 한다.

끝으로, 그리운 친구에게 그의 유작을 보내면서 떠오르는 믿음 한 가지를 전하고 싶다.

"우리보다 훨씬 현명한 제자들이 있습니다."

2025년 11월

강하단 조재원 씀

환경, 그리고 가능성의 미래

초판1쇄 발행 2025년 12월 20일
초판2쇄 발행 2026년 3월 25일

지은이 김경웅, 조재원
발행인 임기철
발행처 GIST PRESS

등록번호 제2013-000021호
주소 광주광역시 북구 첨단과기로 123(오룡동)
대표전화 062-715-2960
팩스번호 062-715-2069
홈페이지 https://press.gist.ac.kr
인쇄 및 보급처 도서출판 씨아이알(Tel. 02-2275-8603)

ISBN 979-11-90961-35-6 (03300)
정가 18,000원